三维渲染制作

史文萱◎主编
钟晓敏 王晓青◎副主编

清華大學出版社
北京

内容简介

根据教育部颁布的《中等职业学校美术设计与制作专业教学标准》的内容和要求，本书介绍了 Maya 软件的材质、灯光知识及一些渲染插件的使用方法，使读者具备制作 3D 场景渲染合成的能力。三维渲染的制作流程分为 6 个基础阶段：建立项目、创建模型、布置灯光、编辑材质、动画动作以及渲染输出。本书将以布置灯光、编辑材质以及渲染输出为主，本着实用和循序渐进的原则，从基本灯光、材质到高级照明和精致材质，从熟悉界面布局和基本功能讲起，从小项目、小实例练起，最后通过综合实例的完成提高到一定的水平。

本书采用“任务驱动教学法”，通过“基础知识＋任务案例教程＋综合实例”的方式编写，兼具实用技巧和技术参考手册的特点，通过“任务分析”“新知解析”“任务实施”“模块评估”，对知识全面掌握和巩固，真正达到“在做中学，在学中做”的目的。

本书可作为中等职业学校三维渲染制作专业的教材，也可帮助初级 Maya 设计者提高技术水平，快速掌握 Maya 基本技能技巧，逐步成为 CG 高手。

图书在版编目(CIP)数据

三维渲染制作/史文萱主编. —北京：清华大学出版社，2017(2023.7 重印)
ISBN 978-7-302-42895-4

Ⅰ. ①三…　Ⅱ. ①史…　Ⅲ. ①三维动画软件－教材　Ⅳ. ①TP391.41

中国版本图书馆 CIP 数据核字(2016)第 030050 号

责任编辑：田在儒　张　弛
封面设计：王跃宇
责任校对：赵琳爽
责任印制：杨　艳

出版发行：清华大学出版社
　　网　　址：http://www.tup.com.cn，http://www.wqbook.com
　　地　　址：北京清华大学学研大厦 A 座　　**邮　　编**：100084
　　社 总 机：010-83470000　　**邮　　购**：010-62786544
　　投稿与读者服务：010-62776969，c-service@tup.tsinghua.edu.cn
　　质量反馈：010-62772015，zhiliang@tup.tsinghua.edu.cn
　　课件下载：http://www.tup.com.cn，010-83470236
印 装 者：涿州市般润文化传播有限公司
经　　销：全国新华书店
开　　本：185mm×260mm　　**印　　张**：9.75　　**字　　数**：199 千字
版　　次：2017 年 9 月第 1 版　　**印　　次**：2023 年 7 月第 4 次印刷
定　　价：49.00 元

产品编号：064744-02

丛书编委会

前　言

本书根据教育部新颁布的《文化艺术类——中等职业学校专业教学标准(试行)》中的美术设计与制作专业三维渲染制作课程的要求,介绍了 Maya 软件的材质、灯光知识及一些渲染插件的使用方法,使中职生通过学习初步具备制作 3D 场景渲染合成的能力。

Maya 是美国 Alias/Wavefront 公司于 1998 年推出的三维动画软件,广泛应用于电影电视节目制作、游戏开发、角色动画、公司演示、可视化设计和电影特技等方面。Maya 在造型、动画和特效方面的功能强大而完善,设计者可以凭着想象力在 Maya 中尽情驰骋,追求从照片级真实感视觉效果到真实逼真的三维角色效果,创造极具吸引力的作品。

Maya 的制作流程分为六个基础阶段:建立项目、创建模型、布置灯光、编辑材质、动画动作以及渲染输出。三维渲染包含了 Maya 软件中编辑材质、布置灯光及渲染输出的内容,是 Maya 软件学习中非常重要的部分,既有承上启下的作用,也是相对独立的环节。本书共分为五大模块,本着实用和循序渐进的原则,从基本灯光、材质到高级照明和精致材质,从熟悉界面布局和基本功能讲起,从小项目、小实例练起,最后通过综合实例的完成提高到一定的水平。建议学时 72 学时,各模块的主要内容及教学课时表建议如下。

模　块	任务	课程内容	讲授	实践训练
灯光与材质基础			1	
模块一　灯光	任务一	灯光的创建	1	1
	任务二	灯光的属性	1	1
	任务三	三点布光	1	3
	任务四	祈祷室灯光的制作	1	3
	任务五	全局照明的制作	1	3
模块二　材质	任务一	认识材质编辑器	1	2
	任务二	表面材质属性——制作一杯茶	1	3
	任务三	二维贴图——制作相框材质	1	3
	任务四	三维贴图——制作小橱材质	1	2
	任务五	层材质——制作陶罐的层材质	1	3
	任务六	层纹理——制作花瓶贴图	1	3
	任务七	展 UV——制作盾牌材质	1	3

续表

模块	任务	课程内容	讲授	实践训练
模块三　渲染合成	任务一	场景渲染	1	2
	任务二	IPR 渲染	1	3
	任务三	硬件渲染	1	3
	任务四	矢量渲染	1	3
模块四　综合实例	综合实例一	旧地球仪	1	4
	综合实例二	翡翠玉镯	1	4
	综合实例三	面具	1	3
课时总计			20	52

本书采用"任务驱动教学法",通过"基础知识+任务案例教程+综合实例"的方式编写,兼具实用技巧和技术参考手册的特点。通过"任务分析""新知解析""任务实施"和"模块评估",全面掌握和巩固知识,真正达到"在做中学,在学中做"的目的。

为了方便读者学习,本书配备各模块所用到的源文件,请登录清华大学出版社网站 http://www.tup.com.cn 下载。

本书由史文萱担任主编,钟晓敏、王晓青担任副主编。王晓青、史文萱主要负责第一模块的编写,钟晓敏主要负责第三模块的编写,其余部分由史文萱完成。另外,徐璟也参与了本书的编写工作,在此表示感谢。同时,感谢青岛商务学校美术教研组全体教师对本书提供的帮助。

由于编者水平所限,书中难免有疏漏之处,敬请读者批评指正。

编　者

2017 年 3 月

目　录

灯光与材质基础知识 …… 1

模块一　灯光 …… 5

任务一　灯光的创建 …… 5
任务二　灯光的属性 …… 12
任务三　三点布光 …… 22
任务四　祈祷室灯光的制作 …… 28
任务五　全局照明的制作 …… 36

模块二　材质 …… 42

任务一　认识材质编辑器 …… 42
任务二　表面材质属性——制作一杯茶 …… 51
任务三　二维纹理——制作相框材质 …… 59
任务四　三维纹理——制作小橱材质 …… 67
任务五　层材质——制作陶罐的层材质 …… 70
任务六　层纹理——制作花瓶贴图 …… 77
任务七　展 UV——制作盾牌材质 …… 86

模块三　渲染合成 …… 98

任务一　将给出的金鱼场景进行渲染 …… 98
任务二　使用 IPR 渲染金鱼场景 …… 103
任务三　使用硬件渲染对 LOGO 的变形粒子动画进行渲染 …… 105
任务四　使用矢量渲染对动画人物进行渲染 …… 109

模块四　综合实例 …… 114

综合实例一——旧地球仪 …… 114
综合实例二——翡翠玉镯 …… 121
综合实例三——面具 …… 136

灯光与材质基础知识

学习重点

- 基本灯光。
- 基本材质。
- 精致材质与高级照明。
- 光的基础知识。
- 材质的基础知识。

灯光与材质是CG(Computer Animation,计算机动画)以假乱真的手段,共同决定物体最后的效果,也可以被认为是三维场景的灵魂。CG中的灯光与材质来源于现实生活,体现设计意图,带有明显的主观性和主动性。

一、基本灯光

Maya(Autodesk Maya)的灯光来自摄影灯光基础技法,基于软件的优势,通过自由操控模拟现实和创造虚拟的光线效果。

灯光是根据文案把握合理性和艺术性两大原则进行的艺术设计,是CG造型艺术中最具有表现力的艺术手法之一,它甚至决定整个作品的视觉效果。基础灯光的主要作用在于设定光影的基调。

二、基本材质

在Maya中,基本材质又分为材质和纹理。材质指物体本身的材料、色彩,比如玻璃、金属、塑料以及不同的颜色;纹理是指物体的肌理、质感、图案、细节等,比如大理石纹理、生锈的金属、地毯的花纹等。

材质在CG项目中的作用举足轻重,生动、真实、炫目的材质和纹理决定作品的风格和表达方式,是作品成功的关键。

材质分为自然材质和人工材质。CG材质包含物体的颜色、图案、纹理、肌理,还包含受环境影响的改变,如图0-1所示。

图 0-1　自然材质

三、精致材质与高级照明

精致材质与高级照明不再是简单的颜色和照明，材质、灯光和渲染是密不可分的，所以在精致材质阶段除了要考虑物体的色彩、纹理、光滑度和透明度以外，还要考虑反射率、折射率、发光度、衰减等属性，同时还要调整和优化材质，以获得更加丰富和细腻的精致材质效果。

高级照明阶段是在前期最大限度地模拟自然界的光线和人工光线的基础上，进行细致的照明调节，以更加鲜明地表现立体效果和影片风格。

四、光的基础知识

光的种类包括自然光和人造光。

1. 自然光

“万物生长靠太阳”，自然界所有的光线都来自太阳。人眼所能看到的只是太阳光的一小部分，就是这一小部分也是非常丰富多变的。被我们的眼睛所接受的物体表面属性，是阳光穿过大气照射到物体上，而物体对阳光进行了吸收、反射、折射等，如图 0-2 所示。

2. 人造光

人类的探索为我们带来各种不同的发明和创造，其中照明的发展给我们带来了五彩缤纷的光色世界，如图 0-3 所示。人工照明丰富而多变，给 CG 带来更多可操作性。

图 0-2　自然光

图 0-3　人造光

五、摄影中的用光种类

1. **主光**

主光是对塑造形象起主导作用的光源。

2. **辅助光**

辅助光也叫副光，用来补充主光的不足，提高表现力。

3. **轮廓光**

轮廓光是用于勾勒物体轮廓的光，其作用是拉开与背景之间的空间距离，以突显物体的形状。

4. **背景光**

背景光是用来烘托环境气氛和背景深度的光线。

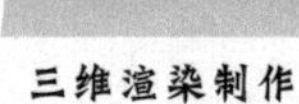

5. 装饰光

装饰光是用来修饰、凸显、补充细节和特色局部的光线，一般面积较小。

六、材质与光

1. 高反光物体

高反光物体表面光滑、质地细密，具有很强的反射性，同时暗部的反光也会形成清晰的反射。如抛光的大理石、金属、玻璃等，如图 0-4 所示。

图 0-4　高反光物体

2. 低反光物体

低反光物体质地相对比较松散，表面比较粗糙，会形成很多光的漫反射，得到均匀柔和的反光。如纸张、木材、粗糙的岩石等，如图 0-5 所示。

图 0-5　低反光物体

模块一

灯　光

学习重点

- Maya 灯光照明基础创建。
- 灯光类型及属性参数。
- 阴影类型及属性参数。
- Maya 基础布光原则。
- Maya 灯光特效属性。

任务一　灯光的创建

有光线才能看到物体的外形和色彩。物理学认为光是一种能量的放射方式，有多种传播方式。Maya 提供了 6 种灯光类型。

任务分析

- 认识 6 种灯光类型。
- 灯光的创建。
- 灯光的定位。

新知解析

Maya 提供了 6 种灯光类型，分别是 Directional Light（平行光）、Point Light（点光源）、Ambient Light（环境光源）、Spot Light（聚光灯）、Area Light（区域光源）、Volume Light（体积光）。

1. 平行光

平行光也称线性光源。最典型的线性光源是太阳，由于太阳距离地球上的物体过远，因此太阳的光线照射到物体上几乎接近于平行，太阳的光照效果如图 1-1 所示。

Directional Light（平行光）通常用于模拟太阳光、月亮光的照射效果，Directional Light 不具有衰减属性，其光线和阴影都是平行的，平行光照效果如图 1-2 所示。

图 1-1 太阳的光照效果

图 1-2 Directional Light(平行光)

2. 点光源

点光源也称为泛光灯,是典型的人造光源。点光源来自空间中的某一点并向四面八方均匀照射,现实中比较典型的点光源是蜡烛和灯泡等。

Point Light(点光源)通常用于模拟点光源的光照效果,Point Light 的光线呈发射状,随着传播距离的增加,照明效果产生均匀的衰减,Point Light 光源照明效果如图 1-3 所示。

3. 环境光源

环境光源又称漫反射光源,在任何环境下光线都存在漫反射现象,主要来自物体对所

图 1-3 Point Light(点光源)

受光线的反射作用。漫反射的光线会有许多不同方向的传播。

Ambient Light(环境光)通常用于模拟环境漫射光照效果,环境光能够投射阴影但只支持 Raytrace Shadow Attributes(光线追踪阴影)类型,当开启该投影时,环境光以点光源的方式投射阴影,环境光照明效果如图 1-4 所示。

图 1-4 Ambient Light(环境光)

4. 聚光灯

聚光灯也称汇聚光源,比较典型的聚光灯有探照灯、射灯和舞台灯光。其特点是从一点发出呈锥形发射，形成类似于圆形或者椭圆形的光区。

Spot Light（聚光灯）通常用于模拟汇聚光源的光照效果，聚光灯有明显的方向性，对聚光灯参数进行调节可以影响区域大小和边缘的虚化效果，阴影也是发散的，其照明效果如图 1-5 所示。

图 1-5　Spot Light（聚光灯）

5. 区域光源

区域光源并不是一种独立的光源，而是其他类型光源在发射过程中被物体遮挡所形成的局部光照效果。现实中最典型的区域光源是光透过窗户形成的照射效果，如图 1-6 所示。

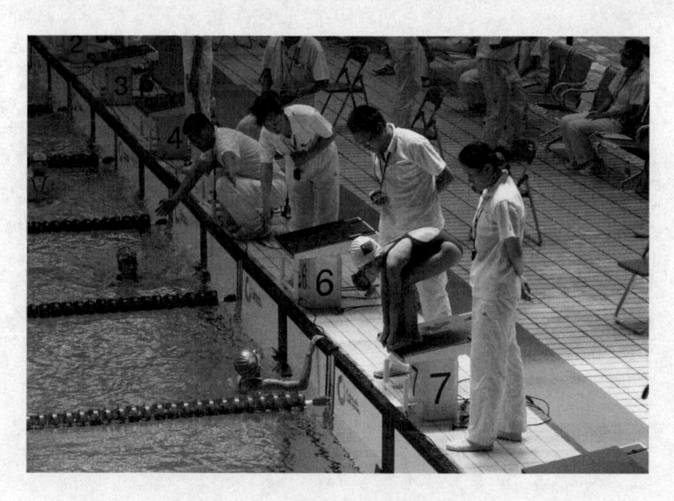

图 1-6　区域光的光照效果

Area Light（区域光源）通常用于模拟区域光，区域光不需要衰减设置，其照明效果与面积大小和强度有关，与其他光源类型相比需要更多的渲染时间，能产生高质量的光照效果和阴影，如图 1-7 所示。

图 1-7 区域光

6. 体积光

Volume Light(体积光)是计算机软件模拟的光源类型,其特点是以可视的方式控制灯光的照射范围,对照射区域以外的物体不产生照明作用。体积光可以作为负光使用,用于消减其他光照效果,也可以照亮局部区域,如图 1-8 所示。

图 1-8 体积光

任务实施

(1) 执行 File(文件)→Open Scene(打开场景)命令,打开文件“第二章灯光\L_Project\scenes\transformers. mb”文件。

(2) 通过菜单命令创建。创建灯光的方法很简单,读者可以直接执行 Create(创建)→Lights(灯光)命令,在弹出的子菜单中选择 Directional Light(平行光)、Point Light(点光源)灯光类型,在任意方位创建,如图 1-9 所示。

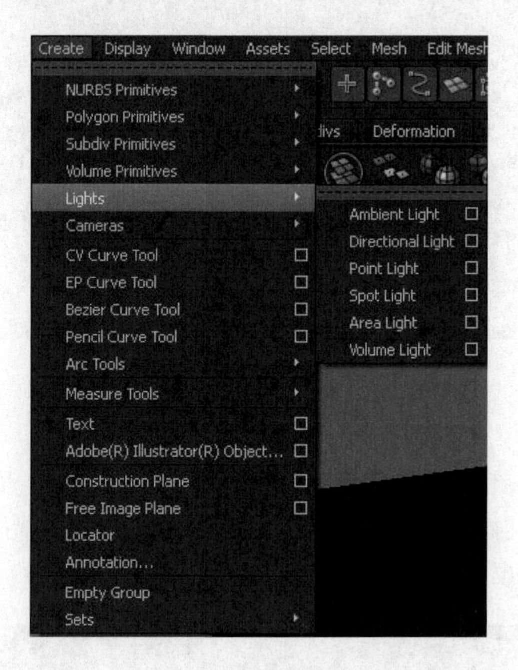

图 1-9　灯光菜单

(3) 通过工具架创建。在工具栏中,切换到 Rendering 选项卡,然后在下面的工具架中选择合适的灯光类型,如图 1-10 所示,单击相应的灯光图标按钮创建 Ambient Light(环境光)、Spot Light(聚光灯)灯光类型。

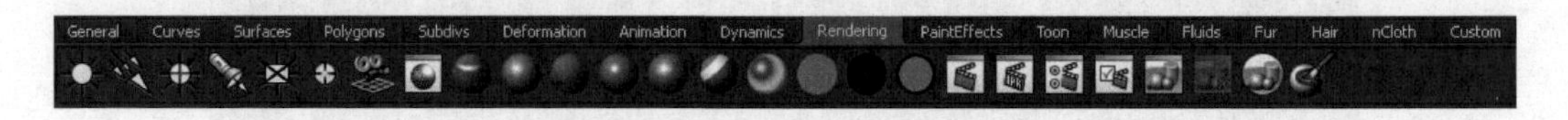

图 1-10　使用工具架创建灯光

(4) 通过 Hypershade(材质编辑器)窗口创建,执行 Window(窗口)→Rendering Editors(渲染编辑器)→Hypershade(材质编辑器)命令,单击创建列表,在 Lights(灯光)选项组中选择 Area Light(区域光源)、Volume Light(体积光)灯光类型所对应的图标,如图 1-11 所示。

(5) 相继创建 Spot Light(聚光灯)、Area Light(区域光源)、Volume Light(体积光)、Directional Light(平行光)、Point Light(点光源)、Ambient Light(环境光)灯光。

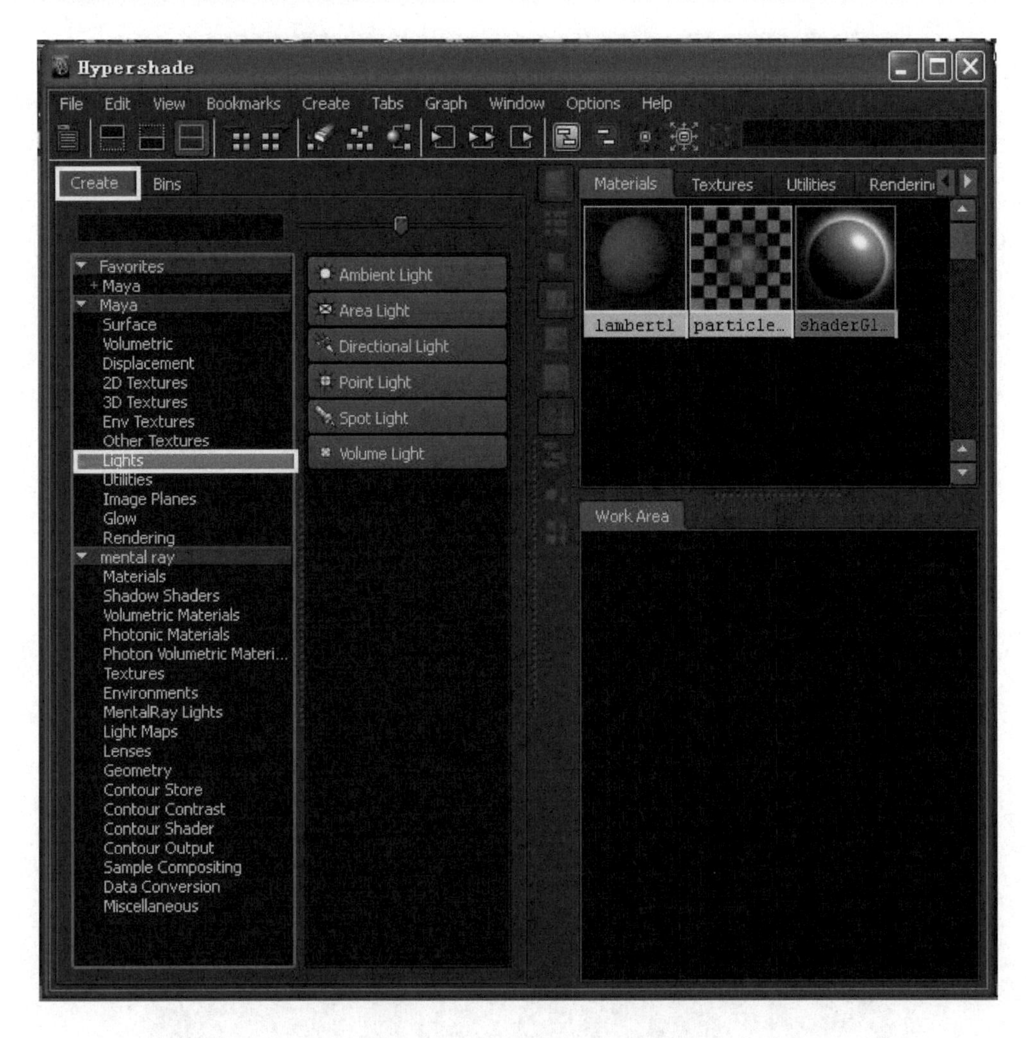

图 1-11　Hypershade(材质编辑器)窗口

(6) 灯光的定位,变换工具的使用:按 W 键或单击工具盒面板的图标、可以对灯光的位置进行移动调整,按 E 键或单击工具盒面板的图标可以调整灯光的照射方向。

(7) 对灯光进行缩放操作,观察 Spot Light(聚光灯)、Area Light(区域光源)、Volume Light(体积光)的照射面积或者照射强度所发生的变化,而 Directional Light(平行光)、Point Light(点光源)、Ambient Light(环境光)是否受到影响。

(8) 灯光定位,灯光操纵工具的使用,按 T 键,聚光灯图标附近显示另一个图标,这就是操纵工具,分别是 Origin(原点)和 Center of Interest(目标点)。移动原点会改变光源的位置,移动目标点则改变灯光照射的方向,如图 1-12 所示。

(9) 调整完成后按 Q 键,恢复初始控制状态。

(10) 灯光穿越视图,执行视图菜单中的 Panels(面板)→Look Through Selected(通过选定观看)命令,将当前视图切换为灯光角度观察场景的视图模式,如图 1-13 所示。

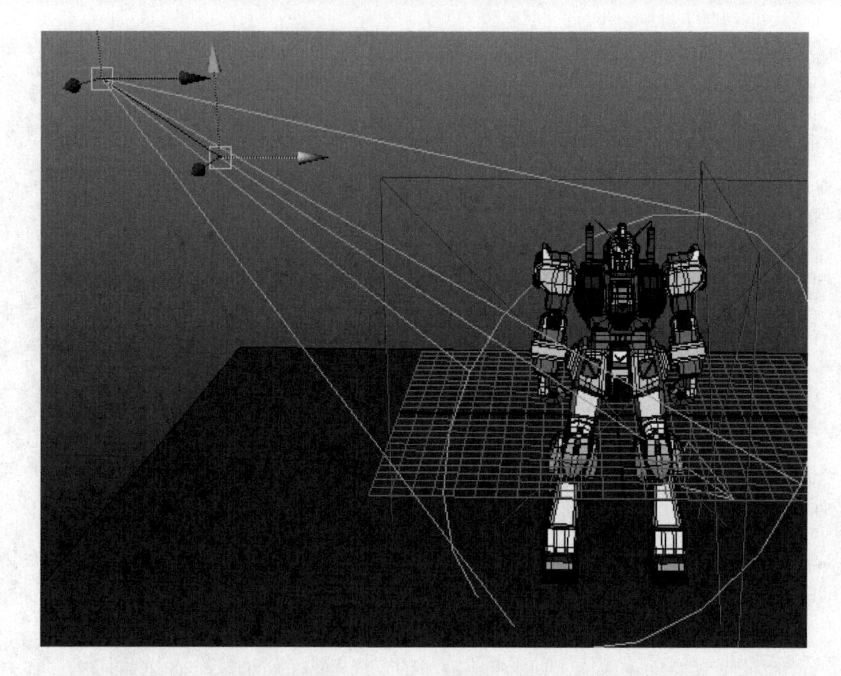

图 1-12　灯光操纵工具

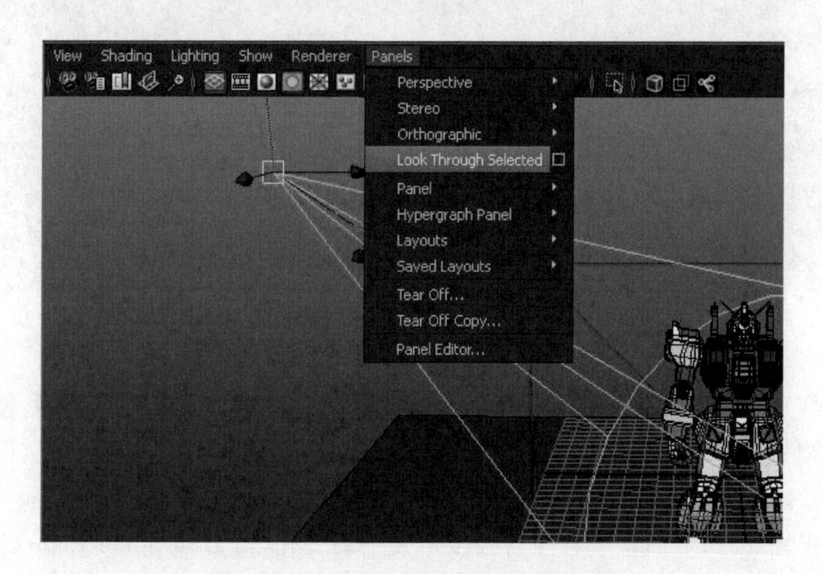

图 1-13　灯光角度观察场景的视图模式

任务二　灯光的属性

灯光的属性可以改变灯光的照射效果，可以在通道栏和属性编辑器中设置。本任务主要讲授灯光的基本属性，灯光特效面板将在下一任务讲授。

任务分析

- Ctrl+A 组合键。
- Spot Light(聚光灯)的 Spot Light Attributes(聚光灯属性)面板。
- 其他类型灯光所特有的的属性。

新知解析

要修改灯光的属性,可以先选择灯光,然后按 Ctrl+A 组合键打开灯光的属性面板进行设置,如图 1-14 所示。

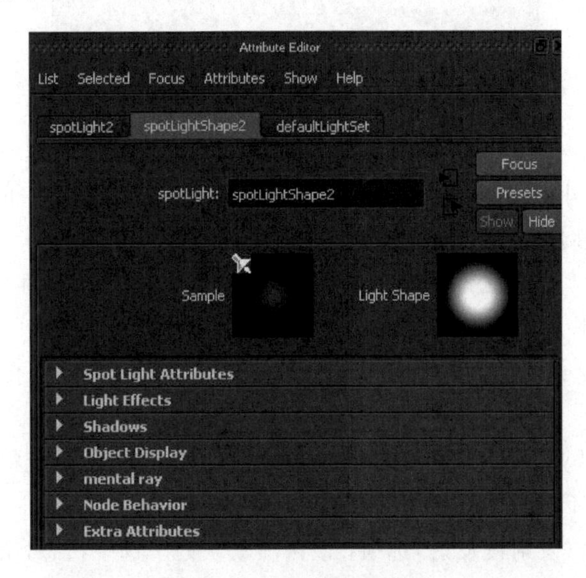

图 1-14　灯光属性面板

这 6 种灯光类型中聚光灯的属性最多,也最具有代表性,下面以聚光灯的属性为例,介绍设置灯光属性的方法。

在属性面板的 spotLight 文本框中可以修改灯光的名称,如图 1-15 所示。

图 1-15　灯光的名称和上下游节点

Intensity Sample(亮度取样)和 Light Shape(灯光形状)缩略图用于控制灯光的采样强度和灯光的形状,在调节灯光的各种参数时可实时观察它的效果。图 1-16 所示为调节灯光颜色时的缩略图效果。

下面介绍对话框中常用选项和参数设置。

图 1-16　灯光强度采样和灯光形状缩略图

1. Spot Light Attributes(聚光灯属性)面板

(1) Type(灯光类型)选项：在 Type 下拉列表中可以随意更换灯光类型，如图 1-17 所示。

图 1-17　灯光的类型

(2) Color(颜色)选项：在 Color 下拉列表中可以设置灯光的颜色。单击 Color 右侧的色块，在弹出的 Color Chooser(色彩选择器)对话框中选择所需要的颜色。单击 Color 选项后面的纹理图标，可以将纹理指定在灯光上。

(3) Intensity(灯光的强度)选项：该选项用于控制灯光的照明强度，当值为 0 时表示不产生灯光照明效果。

当灯光强度为负值时，会照射出一个黑影，可以去除灯光照明。在实际应用中可以局部减弱灯光的强度。

① Illuminates by Default(默认照明)选项：该项如果打开，灯光将照亮场景中的所有物体；如果关闭，则不照亮任何物体。

② Emit Diffuse(发射漫反射)选项：该选项默认处于选中状态，用于控制灯光的漫反射效果，如果此项关闭则只能看到物体的镜面反射，中间层次将不被照明。通过设置该项可以制作一盏只影响镜面高光的特殊灯光。

③ Emit Specular(发射镜面反射)选项：该选项默认处于选中状态，用于控制灯光的镜面反射效果，一般在制作辅光时，通常关闭此项才能获得更合理的效果。也就是说，让物体在暗部的地方没有很强的镜面高光。

(4) Decay Rate(灯光衰减属性)选项：该项用于设置灯光的衰减度，如图 1-18 所示。

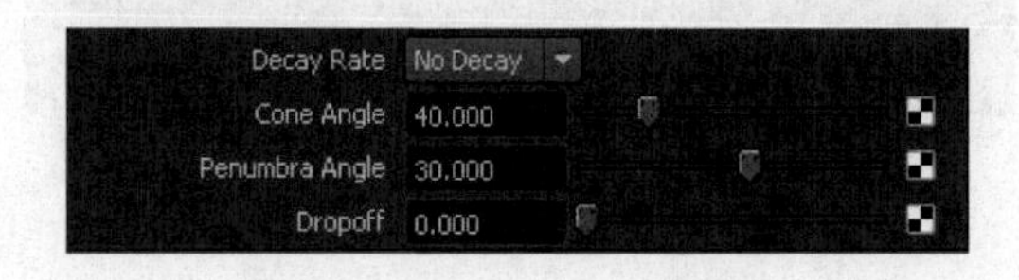

图 1-18　灯光的衰减属性

此属性仅用于区域光、点灯光和聚光灯，用于控制灯光亮度随距离减弱的速率。设置 Decay Rate 选项对小于 1 个单位的距离没有影响，默认设置为 No Decay，这个值还控制亮度随灯光源距离变化的衰减程度。有以下 4 种灯光衰减的类型可供选择。

① No Decay(无衰减)选项：光照的物体无论离光源远近亮度都一样，没有变化，效果不如有衰减的真实。但在有些情况下，也可以做出真实的输出。例如，场景的光是从窗户透过来的，这种情况下通常不用任何衰减，模拟太阳光比衰减的效果更好。

② Linear(线性衰减)选项：灯光亮度随距离按线性方式均匀衰减，使光线和黑暗之间的梯度比现实中更平均。线性衰减就是设置一段距离，使光线在这一段内完全衰减，从光源处到这段距离的终点亮度均匀地过渡到 0。这种衰减不太真实，但是速度相对快。如果设置为该项，一般灯光的强度要比原来加大几倍才能看到效果。

③ Quadratic(平方衰减)选项：现实当中的衰减方式，如果设置为此项，一般灯光的强度要比原来加大几百倍才能看到效果。

④ Cubic(立方衰减)选项：随距离的立方比例衰减，如果设置为此项，一般灯光的强度要比原来加大几千倍才能看到效果。

(5) Cone Angle(圆锥角)选项：该选项用于控制聚光灯的照射范围，单位为度，有效范围是 0.006～179.994，默认为 40.000。其属性栏如图 1-19 所示。

Cone Angle　40.000

图 1-19　圆锥角

在实际运用中，应该尽量合理利用聚光灯的角度，不要设置太大，以免使深度贴图的阴影部分精度不够，从而在制作动画时阴影出现错误。

(6) Penumbra Angle(半影角)选项：在边缘将光束强度以线性的方式衰减为 0，其有效范围为－179.994～179.994，滑块范围为－10～10，默认为 0。图 1-20 所示分别是半影角为 0°、10°、－10°时的灯光投射状态。

图 1-20　半影角为 0°、10°、－10°时的灯光投射状态

(7) Dropoff(衰减)选项：该选项用于控制灯光强度从中心到边缘减弱的速率。有效范围是 0 到无限大，滑块为 0～255。为 0 时无衰减。通常配合 Penumbra Angle 选项使用。

2. 其他类型灯光所特有的属性

除了以上所说的常用灯光属性，还有下面一些是其他类型灯光所特有的属性。

(1) 环境灯所特有的属性。

Ambient Shade 选项：用于控制环境灯照射的方式，值为 0 时灯光来自所有的方向，值为 1 时灯光来自环境灯所在的位置，类似于点光源，值为 0.5 时的照明效果，其对比效果如图 1-21 所示。一般使用环境灯时，场景将会变得平淡没有层次，在实际制作时要慎用。

(2) 体积光所特有的属性。

① Light Shape 选项：用于设置灯光的物理形状，包括 Sphere、Cylinder、Cone 及 Box

4 种形状，其中 Sphere 是默认的类型。

图 1-21　Ambient Shade 值为 0、0.5、1 对比效果

② Color Range 选项：用于设置某个体积内从中心到边缘的颜色。如图 1-22 所示，通过设置右侧色带上的值可以定义光线发生渐减或改变颜色，其中色带上右边滑块用于定义容积中心光线颜色，左边滑块用于定义边界颜色。

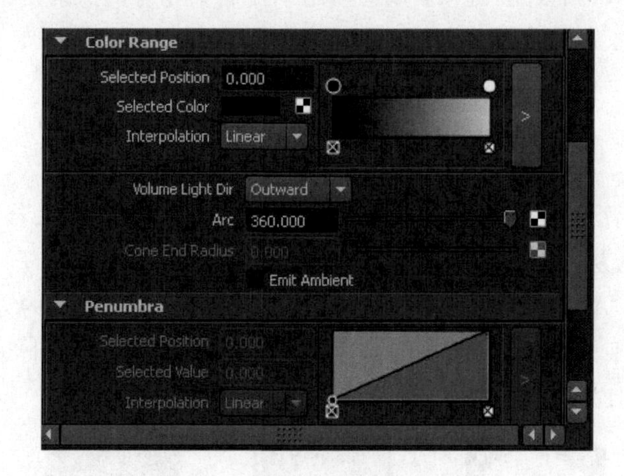

图 1-22　体积光的颜色范围属性

- Selected Position 选项：用于设置渐变图中活动颜色条目的位置。
- Selected Color 选项：用于设置活动颜色条目的颜色，单击色块可打开颜色拾取器。
- Interpolation 选项：用于控制渐变图中颜色的混合方式，决定颜色过渡的平滑程度。该选项包括 None、Linear、Smooth、Spline 4 种过渡方式。默认设置为 Linear，采用 Spline 过渡方式将更为细腻。
- Volume Light Dir 选项：用于设置体积中灯光的方向。

  Outward 选项：用于设置光线从物体的中心发出，其效果类似于点光源。

  Inward 选项：用于设置灯光向中心照射。

  Down Axis 选项：用于设置光线沿灯光的中心轴发射，其效果类似于平行光。

提示：除 Outward 方式外，其他方向灯光产生的阴影均不正常。Emit Specular（发射高光反射）选项对于 Inward 方式的灯光没有效果。

- Arc 选项：该项可通过指定旋转的角度创建球形、圆锥形或圆柱形灯光的一部分。该选项可以从 0.000～360.000。最常用的默认值是 180.000～360.000。此选项不能应用于箱形灯，即 Box 类型。
- Cone End Radius 选项：该项仅用于圆锥形灯光，值为 1 代表圆柱体，值为 0 代表圆锥体。
- Emit Ambient 选项：开启此项则灯光会从多个方向影响曲面。

③ Penumbra 选项：该项仅用于圆锥形和圆柱形灯光，包含用于处理半阴影的属性。调整图表可调整光线的蔓延和陡降，左边表示圆锥体或圆柱体边缘之外的光线强度，右边表示从光束中心到边缘的光线强度。

④ Shadows(阴影)面板。阴影是灯光设计中的重要组成部分，它和光照本身同样重要。灯光阴影可增强场景的真实感、色彩丰富的层次及图像的明暗效果。它可以将场景中各种物体更紧密地结合在一起，改善场景的有机构成。

- Shadows Color(阴影颜色)选项：调整阴影的颜色。

灯光阴影包括两种类型：Depth Map Shadow Attributes(深度贴图阴影)和 Raytrace Shadow Attributes(光线追踪阴影)，如图 1-23 所示。在实际应用中只能选其一。

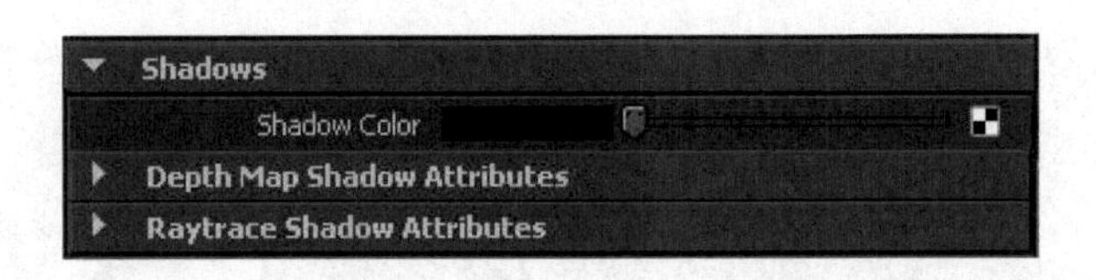

图 1-23　Maya 阴影的类型

⑤ Depth Map Shadow Attributes(深度贴图阴影)面板。深度贴图阴影是一种模拟算法，它描述了从光源到灯光照亮对象之间的距离。深度贴图文件包中包含一个深度通道。深度贴图中每个像素都代表了在指定方向上，从灯光到最近的投射阴影之间的距离。

- Use Depth Map Shadow(使用深度贴图阴影)选项：使用深度贴图阴影。
- Resolution(解析度)选项：解析度参数值越高阴影边缘越清晰，渲染时间也同样会增加，反之锯齿状越明显。
- Filter Size(过滤值)选项：过滤度参数值越高阴影边缘越柔化，渲染时间也同样会增加，反之锯齿状越明显。
- Bias(偏心率)选项：使深度贴图阴影向靠近灯光或远离灯光的方向偏移。

⑥ Raytrace Shadow Attributes(光线追踪阴影)面板。创建光线追踪阴影时，Maya 会根据摄像机到光源之间运动的路径对灯光光线进行跟踪计算，大部分情况下光线追踪阴影能提供非常好的效果，但同时也是非常耗费时间的。

光线追踪能产生深度贴图不能产生的效果，如透明对象产生的阴影；但光线追踪阴影产生柔和边缘的阴影是非常耗时的，如果需要得到这样的阴影，一般用深度贴图阴影模拟。

- Use Depth Map Shadow(使用深度贴图阴影)选项：使用深度贴图阴影。并在Render Settings(渲染设置)窗口中开启Raytracing(光线追踪)选项。
- Light Radius(光线半径)选项：参数值越大阴影边缘变得模糊，反之则产生锐利的阴影边缘效果。
- Shadow Rays(阴影采样)选项：参数值越高边缘越细腻。
- Ray Depth Limit(光线深度限制)选项：参数值将决定灯光光线被反射或折射的最大次数。开启光线追踪阴影后对光线进行反射或折射次数的计算，一方面取决于该选项参数的设置，另一方面取决于Render Settings(渲染设置)窗口内Raytracing Quality(渲染质量)选项栏中的Shadows(阴影)参数。在渲染时，Maya将比较两个值，取较小的值计算。

任务实施

(1) 单击File(文件)→Open Scene(打开场景)命令，打开文件“第二章灯光\L_Project\scenes\orange.mb”。在场景中随意布置了两盏Spot Light(聚光灯)，如图1-24所示。

图1-24　场景中的布光

(2) 灯光编辑面板，选择场景中作为主光的Spot Light1灯光，按Ctrl+A组合键打开灯光编辑面板，如图1-25所示。

(3) 改变灯光颜色，单击Color(颜色)选项右侧的颜色区域，弹出Color Chooser(颜色选择器)窗口，通过Wheel(色轮)、Sliders(滑块)、Blend(混合)、Palette(调色板)等多种方式选择灯光的颜色，不同明度的灯光颜色其照明强度也会发生改变。

(4) 阴影贴图，单击Color(颜色)选项右侧的图标，弹出Create Render Node(创建渲染节点)窗口单击File，如图1-26所示。

(5) 选择灯光贴图，在File节点属性面板的File Attributes(文件属性)选项栏中单击Image Name(图像名称)选项旁的文件夹按钮，选择“第二章灯光\L_Project\souceimages\贴图.jpg”文件，如图1-27所示。

(6) 进行场景测试渲染的效果如图1-28所示。

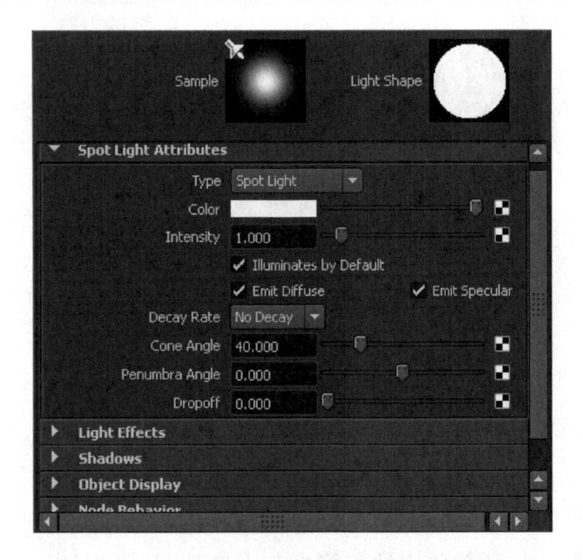

图 1-25 灯光编辑面板

图 1-26 阴影贴图

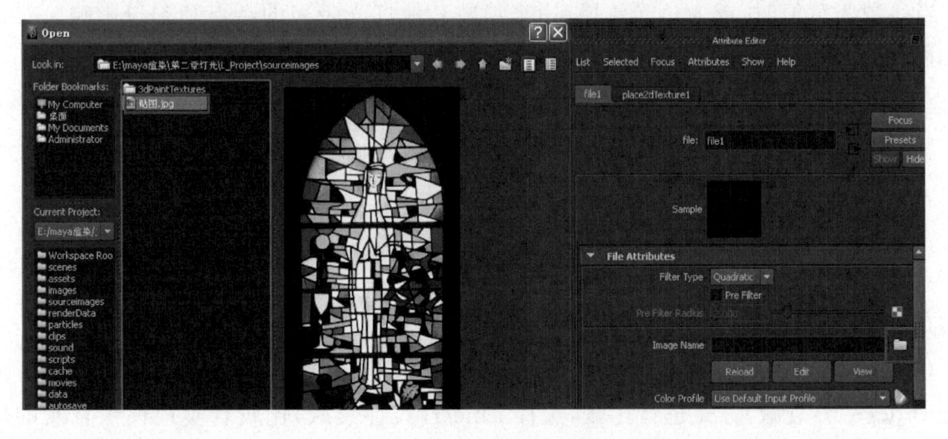

图 1-27 选择灯光贴图

图 1-28　灯光贴图效果

(7) 打断贴图连接，在 Color(颜色)选项名称上右击，弹出标记菜单，选择 Break Connection(打断连接)，打断颜色属性与渲染节点的连接，可以删除颜色选项中的贴图文件，如图 1-29 所示。

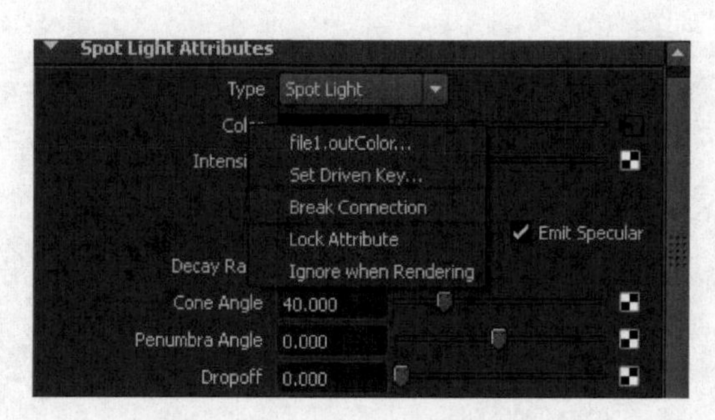

图 1-29　打断贴图连接

(8) 调整 Intensity(灯光的强度)参数值，分别调整 Intensity(灯光的强度)参数为 1、0、1.5、-0.5，并分别进行测试渲染。当参数值为 0 时，光源将不会产生照明作用，等于关闭；当参数为负值时，成为负光效果，用来消减其他灯光带来的杂点和耀斑影响。对比效果如图 1-30 所示。

图 1-30　照明强度变化效果

(9) 衰减效果控制，单击 Decay Rate(灯光衰减属性)选项，选择 No Decay(无衰减)、Quadratic(平方衰减)方式进行比较，选择 Linear(线性衰减)比较真实地模拟真实的灯光衰减，如图 1-31 所示。

图 1-31　衰减效果

(10) 打开 Depth Map Shadow Attributes(深度贴图阴影)面板选项栏，开启 Use Depth Map Shadow Attributes(使用深度贴图阴影)选项，测试渲染效果如图 1-32 所示。

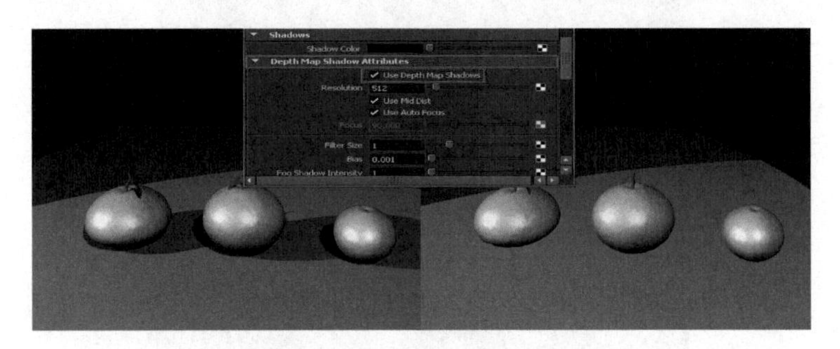

图 1-32　深度贴图阴影效果

(11) 开启 Raytracing(光线追踪)选项，单击状态行中的 按钮，打开 Render Settings(渲染设置)窗口，打开 Maya Software 选项栏，开启 Raytracing Quality(光线追踪质量)卷展栏，选中 Raytracing(光线追踪)选项，如图 1-33 所示。

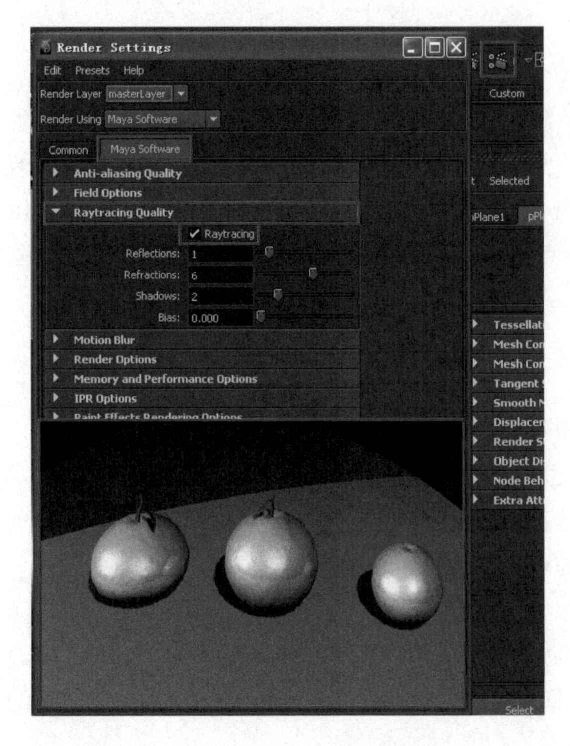

图 1-33　选中 Raytracing(光线追踪)选项

(12) 调整 Shadow Rays(阴影光线)参数值为 10,参数越高阴影边缘的细腻度越高,其对比效果如图 1-34 所示。

图 1-34　阴影采样参数 1、10 的对比效果

任务三　三点布光

对场景进行照明效果的设置,需要制作者根据创作意图进行反复尝试,并不断进行摸索和经验教训的总结。其实对于灯光的布置并不存在绝对可以套用的公式,但是对于布光来说基本都遵循三点布光的照明原则,也就是主光、辅光、背光的基本设置方法。

任务分析

1. 制作分析

- 三点布光法中不同灯光的亮度与范围属性都是不同的。
- 主光强度最大,范围也广,高光由主光产生。
- 辅光的亮度、范围都要小于主光,并且也不会产生高光。
- 背光多用于勾勒边缘,其亮度最低。

2. 工具分析

- 使用 Create(创建)→Lights(灯光)→Spot Light(聚光灯)命令创建聚光灯。
- 使用 Create(创建)→Lights(灯光)→Ambient Light(环境光)命令创建环境光。

3. 本任务制作要求掌握的内容

- 创建聚光灯、环境光命令。
- 设置灯光属性。
- 主光最亮、辅光其次、背光亮度最低。

新知解析

三点布光(图 1-35)又称区域照明，一般用于一定范围的场景照明。如果场景很大，可以把它拆分成若干个较小的区域进行布光，分别为主体光、辅助光与轮廓光。

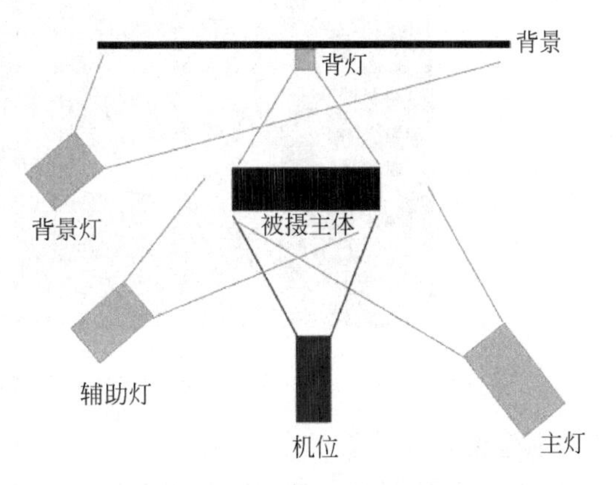

图 1-35　三点布光示意图

(1) 主体光通常用来照亮场景中的主要对象与其周围区域，决定主体对象的明暗关系、投影方向。

(2) 辅助光又称为补光。辅光的亮度、范围都要小于主光，并且也不会产生高光。用一个聚光灯照射扇形反射面，以形成一种均匀的、非直射性的柔和光源，用它来填充阴影区以及被主体光遗漏的场景区域、调和明暗区域之间的反差，同时能形成景深与层次，而且这种广泛均匀布光的特性使它为场景打一层底色，定义了场景的基调。由于要达到柔和照明的效果，通常辅助光的亮度只有主体光的 50%～80%。

(3) 轮廓光又称背光，多用于勾勒边缘，其亮度最低。轮廓光的作用是将主体与背景分离，帮助凸显空间的形状和深度感，它尤其重要，特别是当主体由暗色头发、皮肤、衣服，背景也很暗时，没有轮廓光它们容易混为一体，二者缺乏区分。轮廓光通常是硬光，以便强调主体轮廓。

【Panels(面扳)】/【Look Through Selected(灯光穿越视图)】命令

以灯光角度当作摄影机检视场景对象：

可以通过灯光视图使用摄像机工具和快捷键来调节灯光的位置和方向。还可以在灯光视图中调节灯光操纵器。

任务实施

(1) 执行 File(文件)→Open Scene(打开场景)命令，打开“第二章灯光\L_Project\scenes\transformers. mb”文件。

(2) 摄像机视图，执行 Create(创建)→Cameras(摄像机)→Camera(摄像机)命令，在场景中创建摄像机对象，单击视图菜单中的 Panels(面板)→Perspective(透视图)→Camera1(摄像机 1)命令，将视图切换为摄像机视图，如图 1-36 所示。

(3) 建立聚光灯，执行 Create(创建)→Lights(灯光)→Spot Light(聚光灯)命令，在场

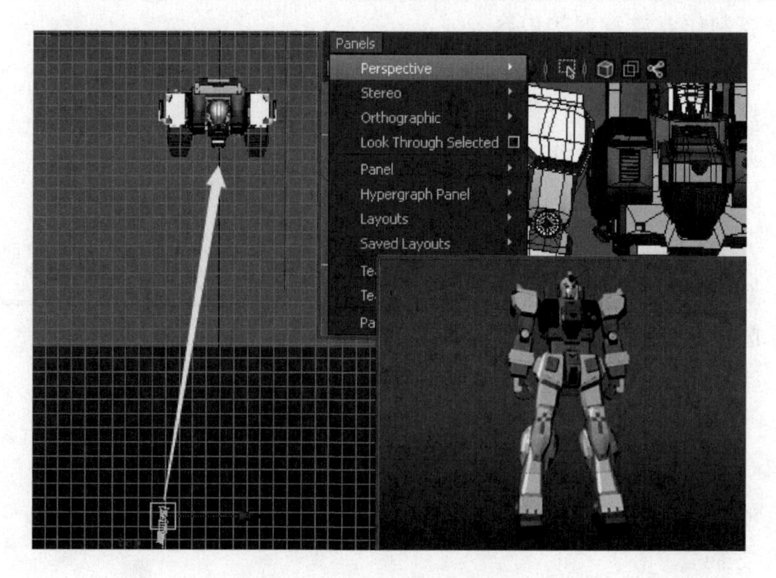

图 1-36　调整摄像机观察角度

景中创建聚光灯对象。

(4) 调整聚光灯位置,执行视图菜中的 Panels(面板)→Look Through Selected(灯光穿越视图)命令,将当前视图切换为以聚光灯角度观察场景的视图模式,并将聚光灯调整为水平方向偏左,垂直方向偏上的照射位置,如图 1-37 所示。

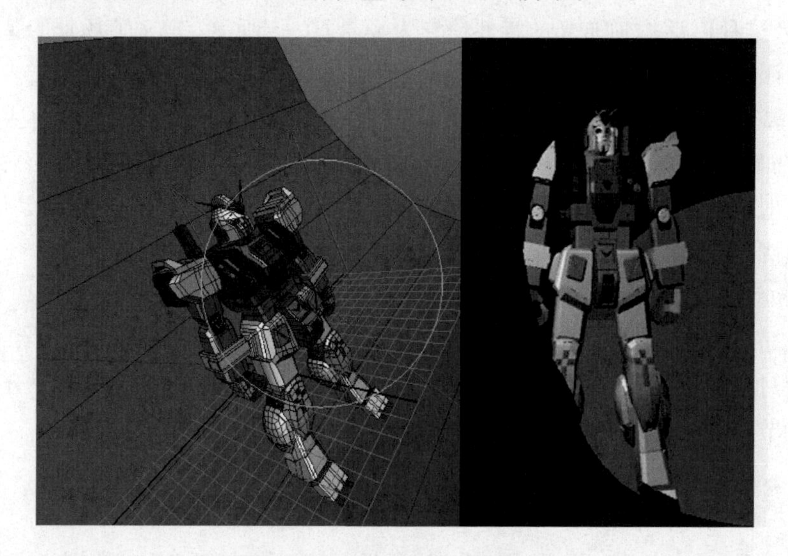

图 1-37　调整聚光灯照明方向

(5) 调整聚光灯属性,选择聚光灯对象,按 Ctrl＋A 组合键,打开聚光灯属性设置面饭,在 Spot Light Attributes(聚光灯属性)选项中调整 Penumbra Angle(半影度)参数值为 30.000,如图 1-38 所示。

(6) 创建第二盏聚光灯并调整,执行 Create(创建)→Lights(灯光)→Spot Light(聚光

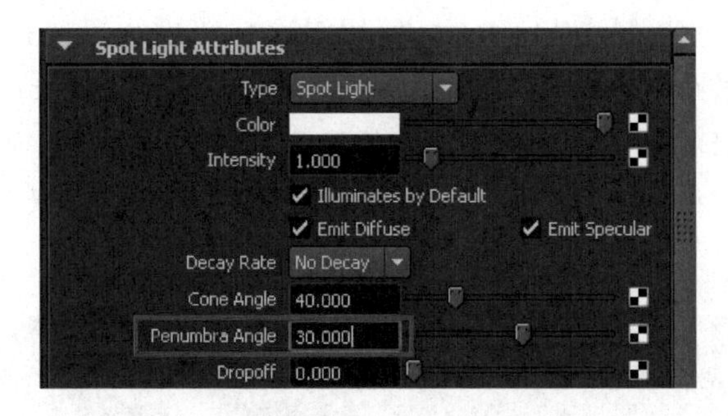

图 1-38　聚光灯属性选项栏

灯)命令,在场景中创建聚光灯对象,并调整灯光的放置位置和照射方向,使其从上向下进行照射,对角色进行补光处理,如图 1-39 所示。

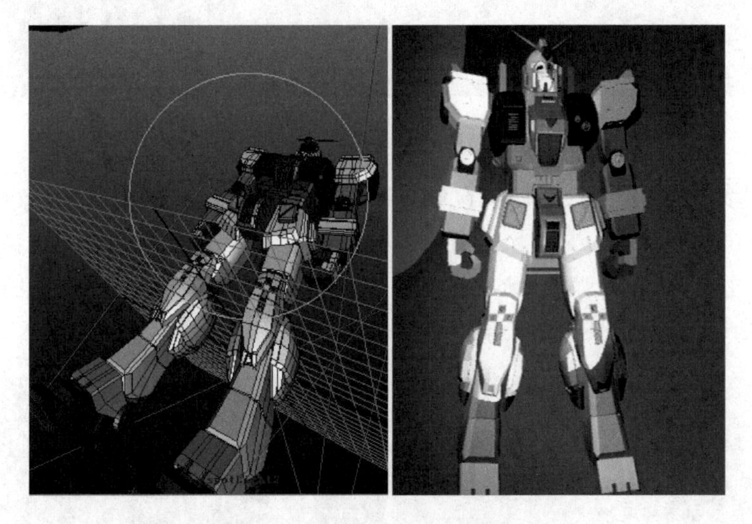

图 1-39　调整第二套聚光灯照明方向

(7) 在聚光灯属性编辑面板中调整 Intensity(强度)参数值为 0.300,Penumbra Angle(半影度) 参数值为 35.000,如图 1-40 所示。

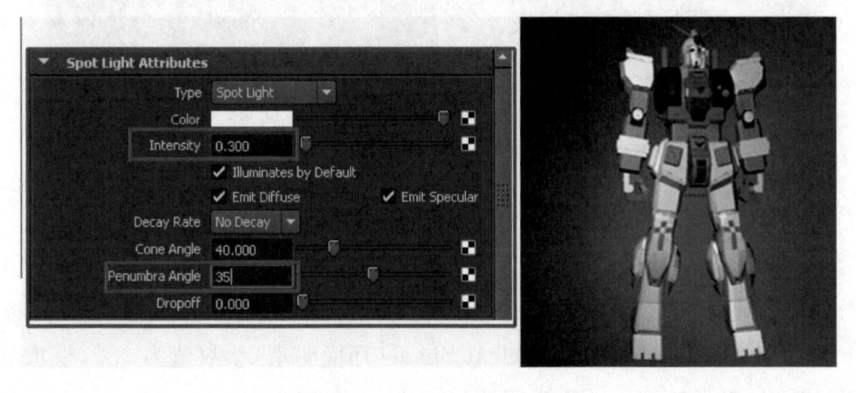

图 1-40　调整灯光属性面板

(8) 开启 Use Depth Map Shadows(使用深度贴图投影),选择场景中作为主光的 Spotlight1 对象,在属性编辑面板中开启 Depth Map Shadow Attributes(深度贴图投影属性)卷展栏选中 Use Depth Map Shadows(使用深度贴图投影)选项,并调整 Resolution(解析度)参数值为 2048,Filter Size(过滤尺寸)参数值为 10,对场景照明效果进行测试渲染,如图 1-41 所示。

图 1-41 开启深度贴图投影

(9) 创建第三盏聚光灯并调整,在场景中创建 Spot Light(聚光灯)对象,将视图观察方式切换为灯光穿越视图,对灯光照射位置进行调整,将其定位在主光与摄像机相对的位置,并调整单击 Intensity(强度)参数值为 0.300,调整 Color(颜色)为很浅的蓝色,其作用是勾勒角色的轮廓,对场景照明效果进行测试渲染,如图 1-42 所示。

图 1-42 调整背光照明效果

(10) 创建环境光,执行 Create(创建)→Lights(灯光)→Ambient Light(环境光)命令。在场景中创建环境光对象,并在任意位置放置灯光图标,在属性设置面板中调整 Intensity(强度)参数值为 0.200,Ambient Shade(环境明暗)参数值为 0.2,模拟场景中的光线漫反射效果,对场景照明效果进行测试渲染,如图 1-43 所示。

(11) 开启 Use Ray Trace Shadows(使用光线追踪阴影),选择作为主光源的

Spotlight1 对象，在属性编辑面板中开启 Use Ray Trace Shadows（使用光线追踪阴影）选项，并调整 Light Radius（阴影半径）参数值为 0.100，Shadow Rays（阴影光线）参数值为 10，如图 1-44 所示。

图 1-43　环境光照明效果

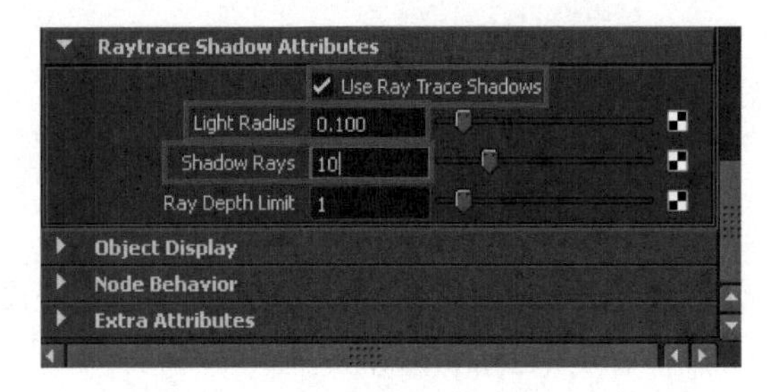

图 1-44　开启光线追踪阴影

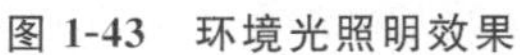

（12）单击状态行中的按钮，打开 Render Settings（渲染设置）面板，打开 Render Settings（渲染设置）窗口，打开 Maya Software 选项栏，开启 Raytracing Quality（光线追踪质量）卷展栏，选中 Raytracing（光线追踪）选项，渲染效果如图 1-45 所示。

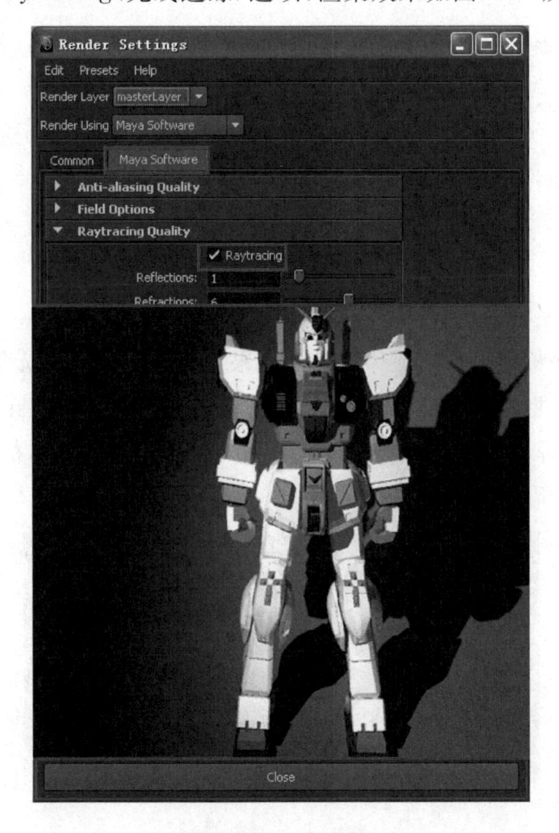

图 1-45　渲染设置

任务四　祈祷室灯光的制作

祈祷室灯光制作任务主要学习灯光特效，掌握灯光特效的强度曲线、颜色曲线、连接关系编辑器和灯光雾效果的制作。

任务分析

1. 制作分析

- 本练习将用到前面所学的属性内容。
- 点光源的连接关系编辑器控制。
- 用打开快速衰减、调整雾扩散和雾强度的参数，模拟穿过大气的光线运行，加上灯光颜色丰富效果。

2. 工具分析

- Window（窗口）→Relationship Editor（连接关系编辑器）→Light Linking（灯光链接）→Light-Centric（灯光为中心）。
- Light Effects（灯光特效）选项栏，Intensity Curve（强度曲线）选项，Color Curve（颜色曲线）。
- Shadows（阴影）选项栏中开启 Use Depth Map Shadows（使用深度贴图阴影）选项。
- Light Effects（灯光特效）选项栏中单击 Light Fog（灯光雾）选项右侧的■按钮。
- 灯光雾节点属性面板中调整 Density（密度）参数值。

新知解析

Light Effects（灯光特效）面板

灯光特效属性用来模拟各种特殊的光学效果，包括体积光、辉光等效果。

灯光雾效是指在照明范围内产生灯光穿过大气和粉尘的雾效果，这种特效只能应用于 Point Light（点光源）、Spot Light（聚光灯）和 Volume Light（体积光）三种灯光类型的灯光雾效，如图 1-46 所示。

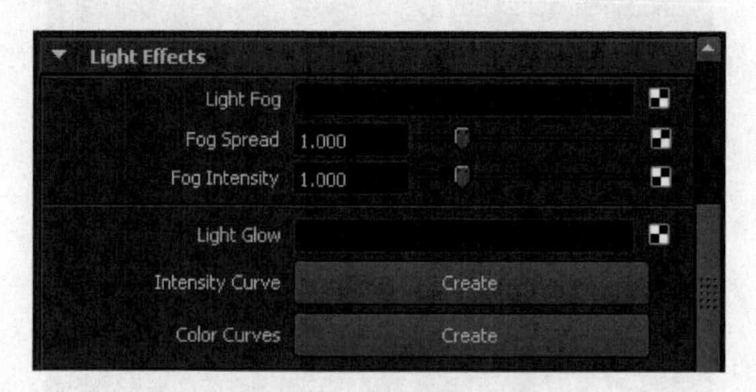

图 1-46　灯光特效选项栏

(1) Light Fog(灯光雾)选项。选择灯光,打开灯光的属性面板,单击 Light Fog 右边的按钮,如图 1-47 所示,系统将自动创建一个 coneShape(渲染椎体)节点。

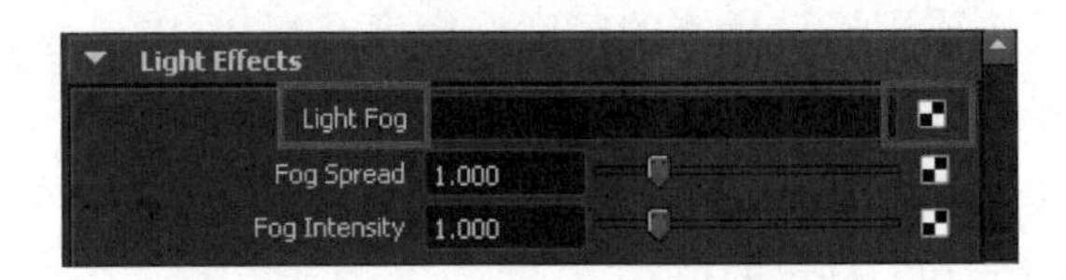

图 1-47 Light Fog(灯光雾)

执行 Window(窗口)→Rendering Editors(渲染编辑器)→Hypershade(材质编辑器)命令,打开 Hypershade(材质编辑器)窗口,选择 Lights 选项卡,选中被创建灯光雾的灯光,然后单击按钮即可看到这个节点,如图 1-48 所示。

图 1-48 展开 coneShape 节点

打开 Light Fog Attributes(灯光雾属性)面板,如图 1-49 所示。

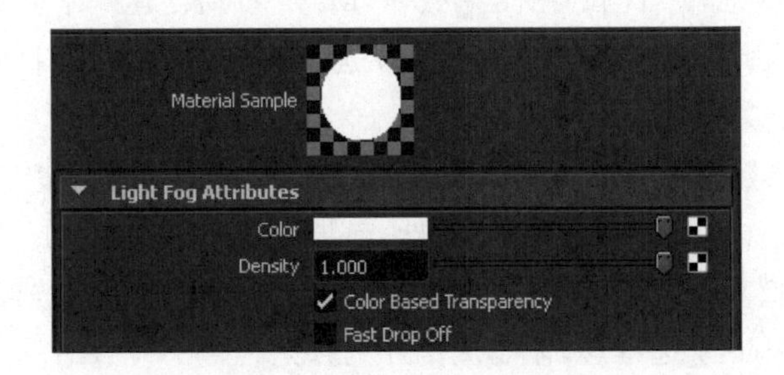

图 1-49 灯光雾的属性

① Color(颜色)选项用于设置灯光雾的颜色。这里需要注意的是,灯光的颜色也会影响被照亮雾的颜色,而雾的颜色不会对场景中的物体有照明作用。

② Density(密度)选项用于设置雾的密度。密度越高,雾中或雾后的物体会变得越模糊,同时密度会影响雾的亮度。

③ Color Based Transparency(颜色基于透明度)选项:选中该项,则雾中雾后的物体模糊程度将基于 Density 和 Color 的值。

④ Fast Drop Off(快速衰减)选项:如果选中该项,雾中的所有物体都会产生同样的模糊,并取决于 Density 值的设置;如果不选中该项,则雾中的各个物体均会产生不同程度的模糊,并且该程度由 Density 值以及物体和摄像机的距离决定,远离摄像机的物体可能会模糊得很厉害,此时要酌情考虑减少 Density 值。

(2) Fog Spread(雾扩散)选项:用于控制灯光雾的传播面积。Fog Spread 值越大,所产生的雾亮度越均匀越饱和,如图 1-50 所示;Fog Spread 值越小,所产生的雾在聚光灯光束中心部分比较亮,到边缘逐渐减弱,如图 1-51 所示。

图 1-50　Fog Spread 值为 5

图 1-51　Fog Spread 值为 0.5

灯光雾在纵向上的衰减可在 Decay Rate 选项中设置,如图 1-52 所示。

(3) Fog Intensity(雾的强度)选项:雾的强度值越大,雾将越亮越浓。

(4) Light Glow(灯光辉光)选项:仅用于点光源、聚光灯、区域光和体积光,用来模拟太阳光斑等类似发光效果。

单击 Light Glow 选项右侧的贴图按钮,Maya 自动创建一个光学 FX 节点,并将其连接到灯光上。进入此节点,单击 Light Glow 选项右侧的按钮,打开图 1-53 所示的属性面板,调节相应的参数。

Optical FX 的参数虽然很多,但是很容易理解。其参数主要由以下 5 部分组成。

① Optical FX Attributes(光学 FX 属性)面板主要用于调节 Glow Type(发光类型)、Halo Type(光晕类型)、Star Points(光芒数目)以及 Rotation(发射光线的旋转)等参数。

提示:选中 Active 复选框后,才能渲染灯光辉光。

② Glow Attributes(发光属性)面板:主要用于调节发光的属性,包括以下几个选项。

• Glow Color(发光颜色):主要用于设置发光的颜色。

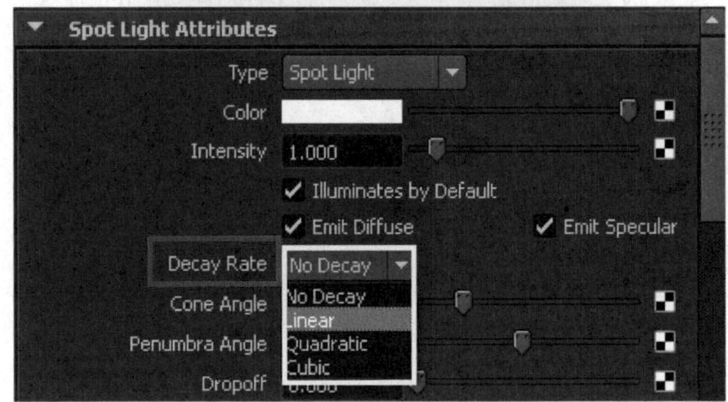

图 1-52 灯光雾的衰减设置

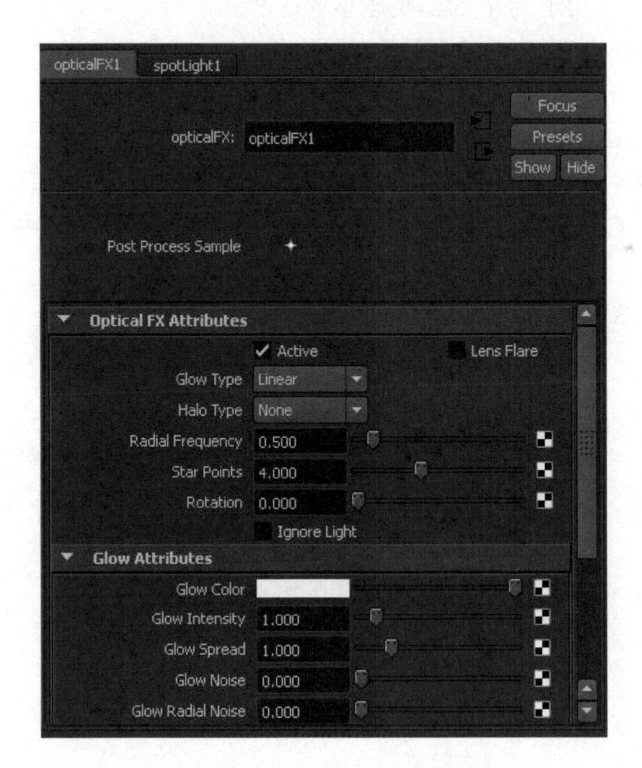

图 1-53 Light Glow(灯光雾)的属性

- Glow Intensity(发光强度)：主要用于设置发光的强度。
- Glow Spread(发光扩散)：主要控制发光的大小。
- Glow Radial Noise(辉光噪波)：主要控制辉光的随机扩散，产生长短不一的效果。

- Glow Star Level(射线强度)：主要用于控制射线的强度。
- Glow Opacity(不透明度)：主要用于设置发光的不透明度。

③ Halo Attributes(光晕属性)面板：主要调节 Halo Color(光晕颜色)、Halo Intensity(光晕强度)、Halo Spread(光晕的扩散,控制光晕的半径)。

④ Lens Flare Attributes(镜头眩光属性)面板：用于设置镜头耀斑光圈的颜色、强度、数目、尺寸、聚焦等参数。该面板中的参数只有在选中 Optical FX Attributes(光学 FX 属性)面板中的 Lens Flare 复选框时才有效。

- Flare Color：用于设置光斑的颜色。
- Flare Intensity：用于设置光斑的强度。
- Flare Num Circles：用于设置光斑的数目。
- Flare Min Size：用于设置最小的光斑尺寸。
- Flare Max Size：用于设置最大的光斑尺寸。
- Hexagon Flare：可以将光斑变成正六变形。
- Flare Col Spread：用于控制颜色传播。
- Flare Focus：用于设置聚焦,值越小越虚化。
- Flare Vertical：用于设置在水平方向的角度。
- Flare Horizontal：用于设置在垂直方向的角度。
- Flare Length：用于设置光斑的长度。

⑤ Noise 面板：主要用于添加噪波效果。

(5) Intensity Curve(强度曲线)选项：创建强度曲线节点,同时 IPR 渲染视窗也会自动进行更新。

(6) Color Curves(颜色曲线)选项：创建颜色曲线节点,如图 1-54 所示。

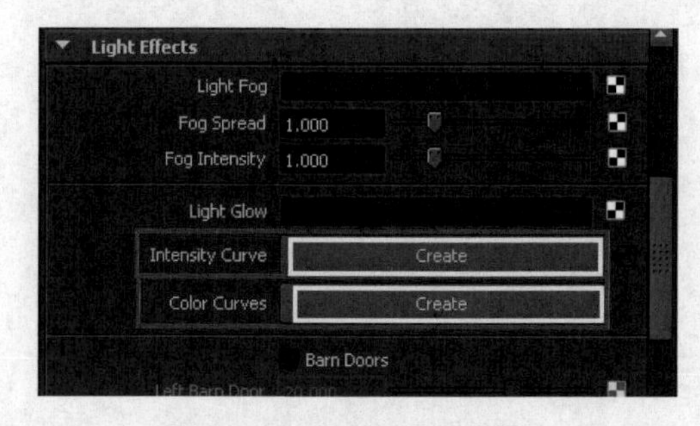

图 1-54 强度、颜色曲线

任务实施

(1) 执行 File(文件)→Open Scene(打开场景)命令,打开“第二章灯光\room_Project\scenes\room. mb”文件,如图 1-55 所示。

(2) 在场景中创建 Spot Light(聚光灯)对象,并切换至灯光穿越视图,对灯光照明方向进行调整,如图 1-56 所示。

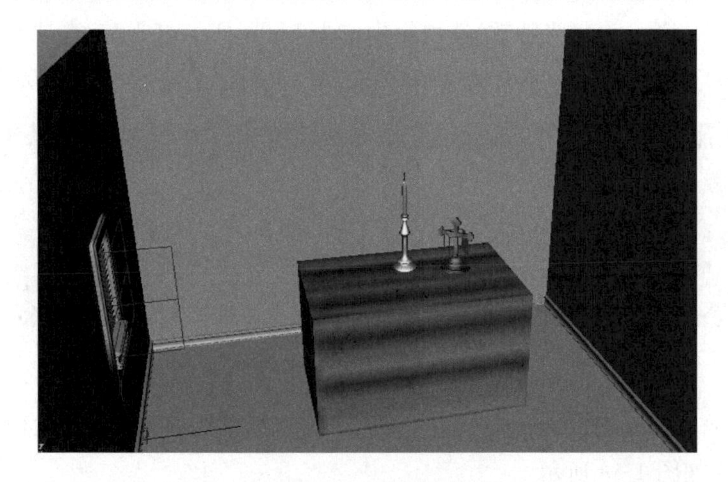

图 1-55　打开场景

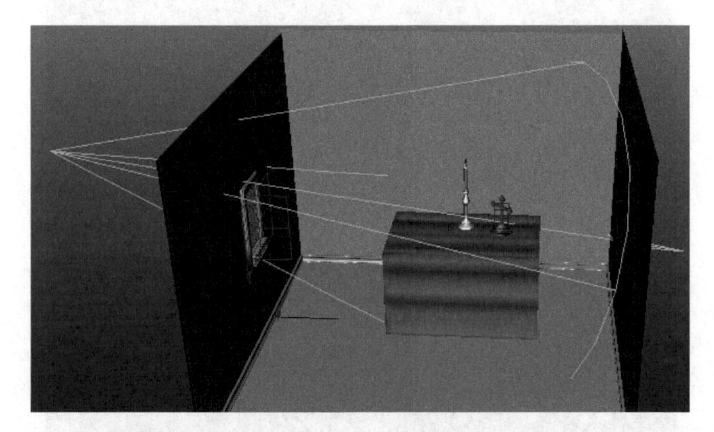

图 1-56　创建聚光灯并调整聚光灯照明方向

(3) 在属性编辑面板的 Shadows(阴影)选项栏中开启 Use Depth Map Shadows(使用深度贴图阴影)选项,并对场景进行测试渲染,如图 1-57 所示。

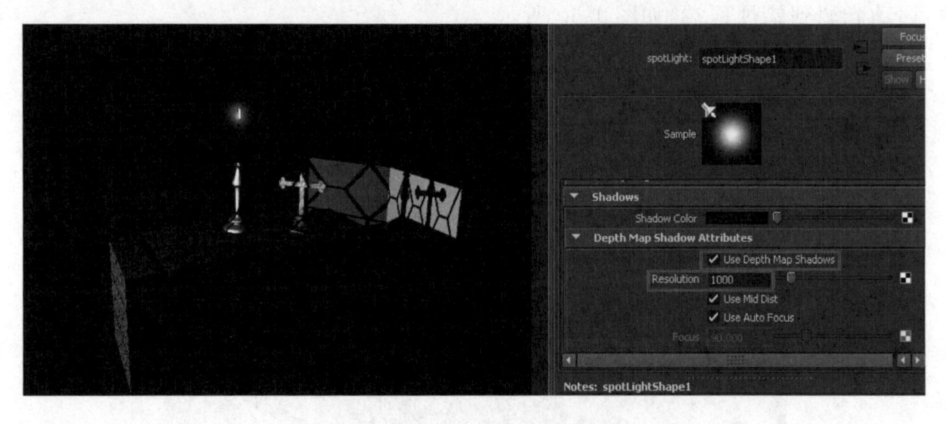

图 1-57　开启深度贴图阴影

(4) 在 Light Effects(灯光特效)选项栏中单击 Light Fog(灯光雾)选项右侧的■按钮,将产生用于和灯光节点相连接的灯光雾节点,在属性编辑器中显示,如图 1-58 所示。

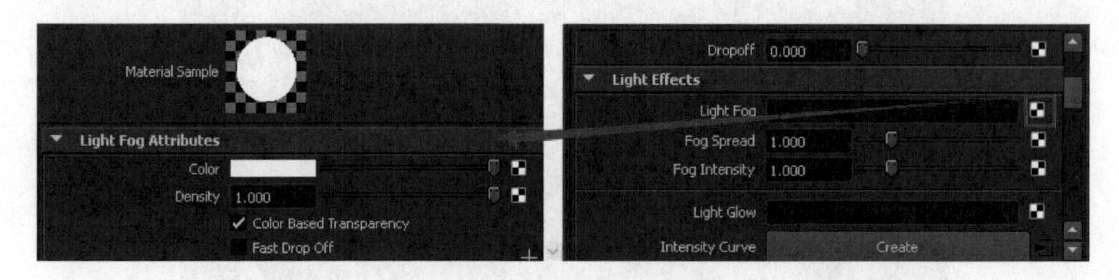

图 1-58 创建灯光雾节点

(5) 在灯光雾节点属性面板中调整 Density(密度)参数值为 2.000,对场景进行测试渲染,图像效果如图 1-59 所示。

图 1-59 灯光雾效果

(6) 执行 Create(创建)→Light(灯光)→Point Light(点光源)命令,在场景中创建点光源,移动光源到蜡烛顶端,如图 1-60 所示。

图 1-60 创建点光源

（7）按 Ctrl＋A 组合键，打开灯光编辑面板，调整 Intensity（强度）参数为 0.400，调整 Color（颜色）为昏黄色。打开 Raytrace Shadow Attributes（追踪阴影属性）卷展栏，打开 Use Ray Trace Shadows（使用光线追踪阴影）选项，如图 1-61 所示。

图 1-61　开启光线追踪

（8）单击状态行中的按钮，打开 Render Settings（渲染设置）窗口，打开 Maya Software 选项栏，开启 Raytracing Quality（光线追踪质量）卷展栏，选中 Raytracing（光线追踪）选项，进行渲染测试，如图 1-62 所示。

图 1-62　渲染测试

任务五　全局照明的制作

模拟全局照明比较常用的方法是半球形灯光阵列，这种灯光布置方式只有一个主灯源，起决定光源方向和主阴影作用，其他都是辅光，呈半球形分布，开启最微弱的亮度和阴影。这种方法不但能制作出柔和的、有衰减过渡的明暗效果和阴影，而且比高级渲染器中的全局光节省很多时间。

任务分析

1. 制作分析

- 本练习将用到前面所学的属性内容。
- 使用 T 键操纵手柄和 X 键网格吸附功能。
- 设置聚光灯属性面板。
- 阵列辅光设置特殊复制参数。

2. 工具分析

- NURBS 球体，该球体的作用是定位灯光位置。
- T 键显示操纵手柄。
- X 键使用网格吸附功能移动到原点位置，C 键使用网格吸附功能并单击鼠标中键。
- Edit(编辑)→Duplicate Special(特殊复制)。

新知解析

半球形灯光阵列是一种布光方式。

(1) NURBS 球体用来定位灯光位置，当作网格使用。

(2) 将灯光目标点放置在网格中心位置是非常重要的，这样可以保证阵列的灯光都照射到同一位置。

(3) T 键显示灯光操纵器手柄。

(4) 按住 X 键，使用网格吸附功能移动到原点位置。

(5) 按住 C 键，使用网格吸附功能并单击鼠标中键。

(6) 按 W 键，返回移动坐标手柄。

(7) 按 Insert 键，转变为可改变中心位置状态。

(8) 复制的辅光与开始创建的辅光在参数设置上会产生变化，后来复制的辅光 Intensity(灯光的强度)和 Resolution(解析度)的属性参数都较前一个大一些，这样可以产生衰减过渡。

(9) Edit(编辑)→Duplicate Special(特殊复制)进行阵列复制。

任务实施

(1) 打开场景，执行 File(文件)→Open Scene(打开场景)命令，打开“第二章灯光\L_

Project\scenes\transformers-. mb”文件。

(2) 将场景缩小,建立一个 NURBS 球体,如图 1-63 所示。

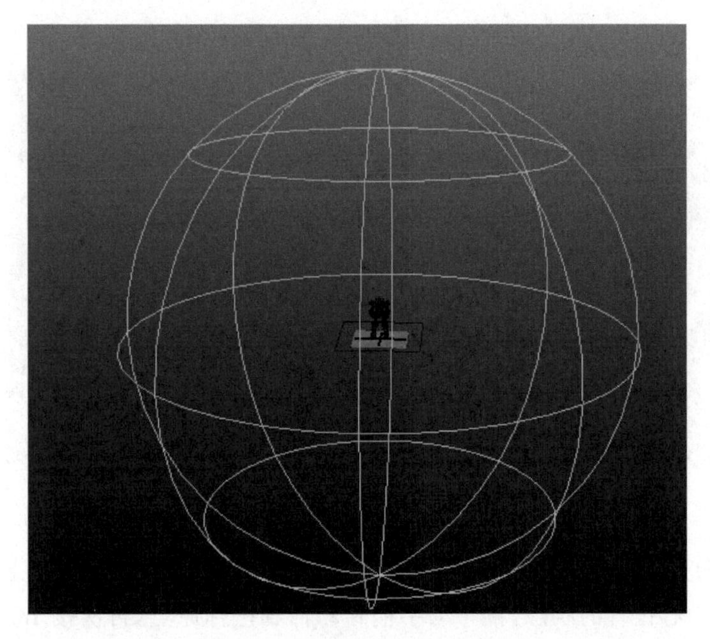

图 1-63 建立 NURBS 球体

(3) 创建灯光,Create(创建)→Lights(灯光)→Spot Light(聚光灯)。

(4) 转换到侧视图。

(5) 吸附目标点,按 T 键显示灯光操纵器手柄,找到聚光灯目标点位置,选中目标点并使用吸附网格功能(按住 X 键),将灯光的目标点吸附到原点位置,单击鼠标,如图 1-64 所示。

图 1-64 吸附目标点

(6) 吸附灯光位置，选择 Spot Light1(聚光灯 1)的灯光位置的控制点，使用吸附网格功能(按住 C 键)，在需要吸附的球体边线位置单击鼠标中键，Spot Light1(聚光灯 1)的位置如图 1-65 所示。

图 1-65　吸附灯光位置

(7) 移动灯光位置点，选择灯光按 W 键返回移动坐标手柄，按 Insert 键，将移动坐标转化为改变为中心位置的状态，将移动手柄移动回到坐标原点，再次按 Insert 键，恢复成移动坐标状态，渲染当前效果如图 1-66 所示。

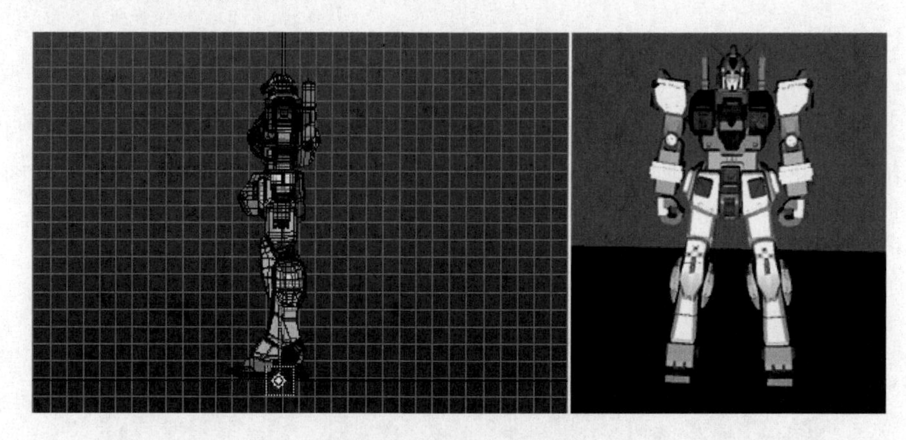

图 1-66　移动灯光点位置点

(8) 设置灯光参数，打开 Spot Light1(聚光灯 1)的属性面板，将 Intensity(灯光的强度)的值设为 0.010，将 Cone Angle(圆锥角)的值设为 80.000，在 Depth Map Shadow Attributes(深度贴图阴影)面板选中 Use Depth Map Shadows(使用深度贴图阴影)，将 Resolution(解析度)设为 128，Filter Size(模糊尺寸)设置为 4，如图 1-67 所示。

(9) 删除 NURBS 球体。

(10) 复制第二层辅光，在侧视图中选择 Spot Light1(聚光灯 1)，按 T 键显示操纵器手柄，按 Ctrl+C 组合键，按住 Ctrl+V 组合键拖曳可以复制得到 Spot Light2(聚光灯 2)。

(11) 打开 Spot Light2(聚光灯 2)属性面板，Depth Map Shadow Attributes(深度贴

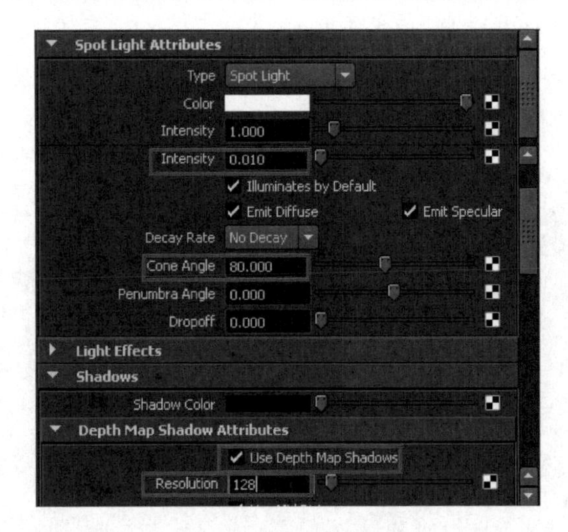

图 1-67　设置灯光参数

图阴影)面板中设置 Filter Size(模糊尺寸)值为 3。

(12) 复制第 3、第 4、第 5 层辅光,选择 Spot Light2(聚光灯 2)复制 Spot Light3(聚光灯 3)、Spot Light4(聚光灯 4)、Spot Light5(聚光灯 5),将 Intensity(灯光的强度)的值设为 0.02,将 Spot Light5(聚光灯 5)的 Resolution(解析度)设为 256,调整 6 盏灯排列均匀,位置如图 1-68 所示,此时渲染几乎是一片漆黑。

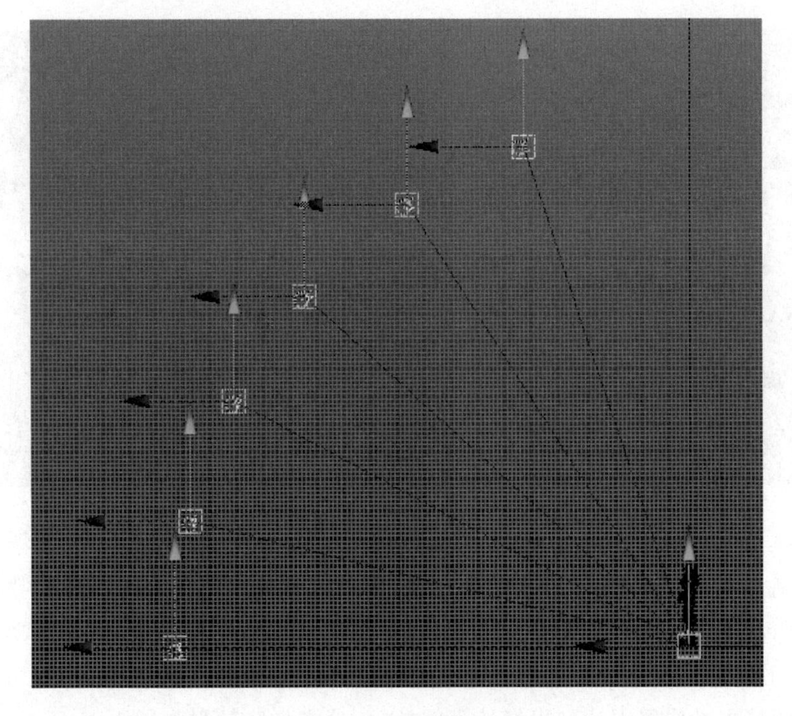

图 1-68　复制辅光

（13）阵列辅光，选择5盏灯，单击Edit（编辑）→Duplicate Special（特殊复制）命令右侧的设置按钮，打开Duplicate Special Options（特殊复制）窗口，将旋转Y轴设置为30，设Number of copies（复制数量）值为11，如图1-69所示。

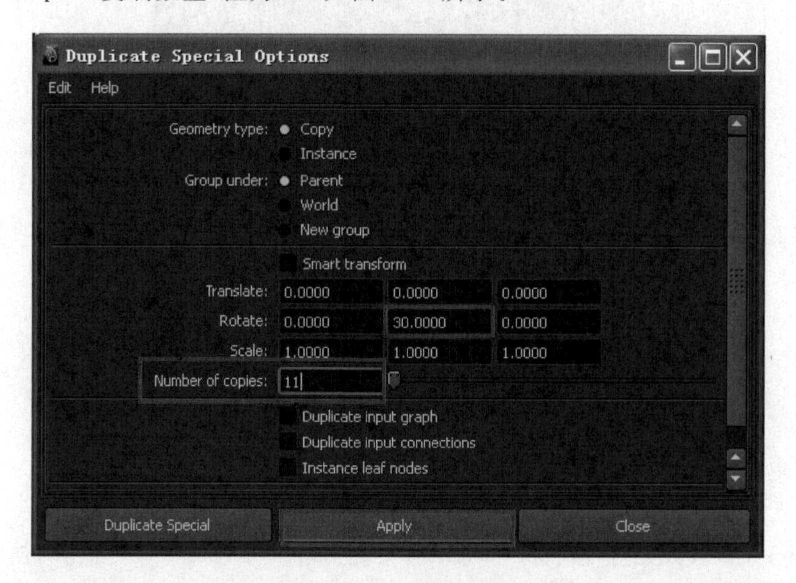

图1-69 设置特殊复制

（14）渲染辅光效果，如图1-70所示。

图1-70 辅光效果

（15）制作主光，选择合适位置对Spot Light进行复制，设置主光属性参数，打开属性面板，将Intensity（灯光的强度）的值设为0.4，将Resolution（解析度）设为512，Filter Size（模糊尺寸）设为4。

（16）调整主光位置以达到更好的光照效果，渲染最终效果如图1-71所示。

图 1-71　最终渲染效果

模块评估

请填写任务评估表(表 1-1),对任务完成情况进行评价。

表 1-1　灯光模块任务评估

任务列表		自评	教师评价
1	灯光的创建		
2	灯光的属性		
3	灯光特效		
4	三点布光原则		
5	全局布光		
任务综合评估			

模块二

材　质

学习重点

- Hyper shade(材质编辑器)的构成与功能。
- 表面材质属性。
- Textures(纹理)类型及属性设置。

任务一　认识材质编辑器

Maya 材质是充满魅力、完美而又神奇的技术，可以为追求真实效果而永无止境地探索。材质通过表面的纹理、色彩、透明度、光滑度、发光度、折射率、反射率等可视属性，带给我们丰富的真实感。优秀 CG 图片可以达到如摄影作品般的真实感，可以实现幻想中的一切，如图 2-1 所示。

图 2-1　优秀作品

任务分析

- 材质编辑器的构成。
- 使用 Hypershade(材质编辑器)命令创建材质节点。

新知解析

1. 材质编辑器的功能

执行 Window(窗口)→Rendering Editors(渲染编辑器)→Hypershade(材质编辑器)命令,打开 Hypershade(材质编辑器)窗口,如图 2-2 所示。

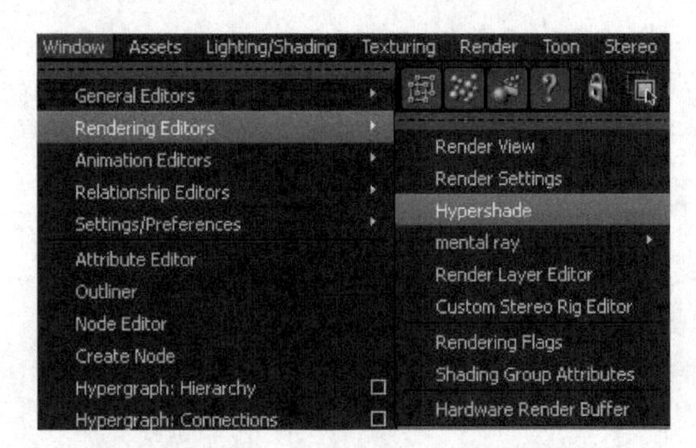

图 2-2　打开 Hypershade(材质编辑器)

2. 材质编辑器的构成示意图

Hyper shade(材质编辑器)的构成如图 2-3 所示。

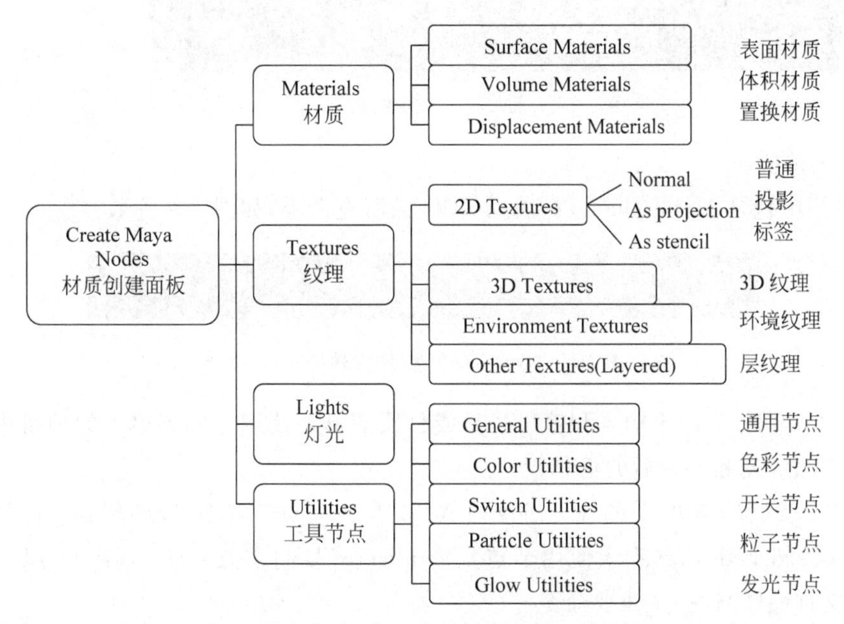

图 2-3　Hypershade(材质编辑器)的构成示意图

3. 材质编辑器的构成

Hypershade(材质编辑器)是材质编辑的主要操作平台,可以方便查看和编辑节点、节点网络关系以及材质和纹理属性。

Maya 材质编辑器由 5 个部分组成,分别是菜单栏、工具栏、创建面板、上标签和下标签,如图 2-4 所示。

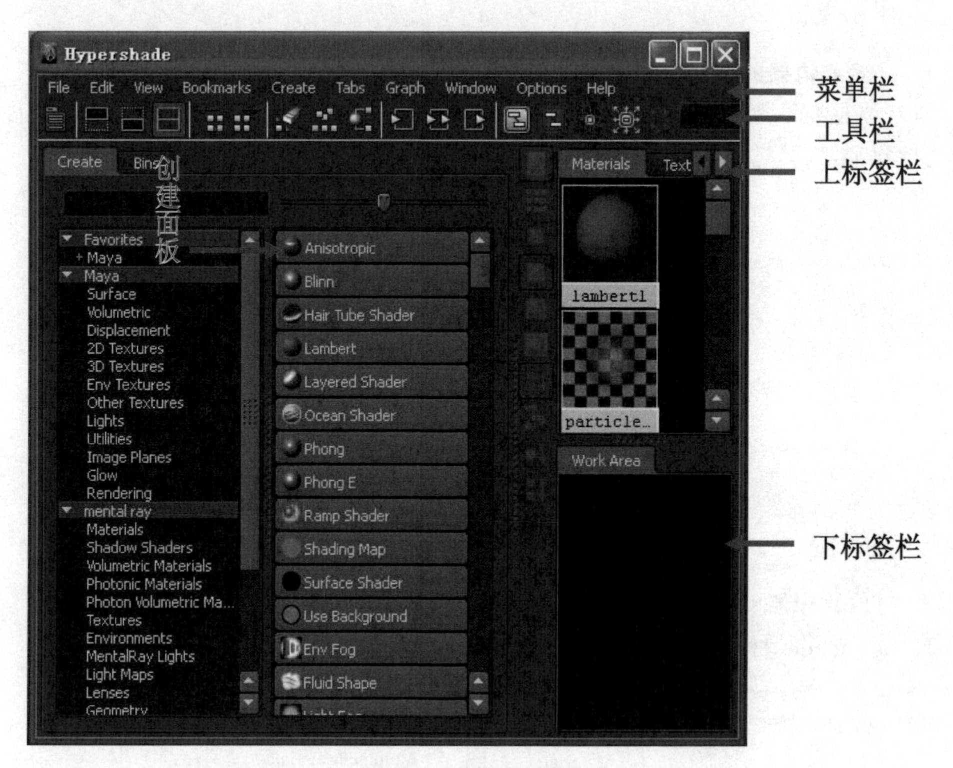

图 2-4 材质编辑器

(1) 菜单栏。

菜单栏中包含 Hypershade(材质编辑器)的所有命令,如图 2-5 所示。

图 2-5 Hypershade(材质编辑器)菜单栏

① File(文件):用于输入和输出场景或材质图形。使用这些菜单中的项目可以输入或输出纹理、灯光和渲染后的场景。

② Edit(编辑)菜单中的命令主要针对节点和节点网络进行编辑,这里主要了解 Delete Unused nodes(删除未使用节点)、Duplicate(复制节点)、Convert to file Texture(转换为文件贴图)这三个重要命令。

- Delete Unused nodes(删除未使用节点):用于删除那些没有指定给任何几何物体或粒子的节点或节点网络。

• Duplicate(复制节点)：复制节点命令分别有 3 种选项，即 Shading Network(复制节点网络)、Without network(复制不带网络的节点)、With connections to network(复制一个新的材质)。

• Convert to file Texture(转换为文件贴图)：将某材质或纹理转换成一个图像文件，该文件可以作为一个带 UV 坐标的文件贴图替换原来的文件，用户可以将选择的材质节点、2D 或 3D 纹理转换为文件贴图。如果选择了 shading group(材质组)节点，灯光信息也将同时被复制到图像。

③ View(图像显示)。

• Feame All(全屏显示的所有)物体：在材质编辑器中显示所有材质节点，当材质编辑器中的节点过多时，可使用此命令找到当前视图之外的其他节点。

• Frame Selected(显示被选物体)：最大化显示选中的节点。方便用户观察、调整材质节点。

④ Bookmarks(书签)：创建或删除书签，方便观察多套连接好的节点网络。

⑤ Create(创建)：在 Create(创建)菜单中包含了 Hyper shade(材质编辑器)中主要的内容。

• Materials(材质球)：包括了 12 种表面材质类型，分别为 Anisotropic(各项异性材质)、Blinn(布林材质)、Hair Tube Shader(头发材质)、Lambert(兰伯特材质)、Layered Shader(材质层)、Ocean Shader(海洋材质)、Phong(塑料)、Phong E(塑料 E)、Ramp Shader(渐变材质)、Shading Map(阴影贴图材质)、Surface Shader(表面材质)、Use Background(背景材质)。它与材质编辑器左侧的 Surface(表面材质)中的内容是一样的，可以通过选择直接生成一个新的材质球。

• Volumetric Materials(体积材质)：包括 6 种体积材质，如 Env fog(环境雾)、Fluid shape 流体形状、Lightfog(灯光雾)、Volume shader(体积材质)等。

• 2D Textures(二维纹理)：包括 14 种 2D 与三种贴图方法。14 种 2D 纹理分别为 Bulge(凸出纹理)、Checker(棋盘格纹理)、Cloth(布料纹理)、File(文件纹理)、Fluid texture 2D(2D 流体纹理)、Fractal(分型纹理)、Grid(网格纹理)、Mountain 山脉纹理、Movie(电影纹理)、Noise(噪波纹理)、Ocean(海洋纹理)、PSDfile(Photoshop 文件)、Ramp(渐变纹理)、Water(水波纹理)。三种贴图方式分别为 Normal(普通)、Asproject(投影)和 AS stencil(标签)。

• 3D Textures(三维纹理)：包括 14 种 3D 纹理，分别为 Brownian(布朗)、Cloud(云)、Grater(弹坑)、Fluid texture3D(3D 流体纹理)、Granite(花岗岩)、Leather(皮革)、Marble(大理石)、Marblebrot 3D(曼德布洛特)、Rock(岩石)、Snow(雪)、Stucco(灰泥)、Solid fractal(固体分形)、Volume noise(体积噪波)、Wood(木纹)。

• Environment(环境材质)：包括 5 种环境节点，分别为 Env Ball(环境球)、Env Chrome(镀铬环境)、Env Cube(环境块)、Env Sky(环境天空)、Env Sphore(环

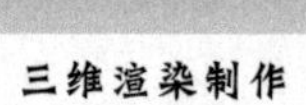

境球)。

- Layered Texture(层材质):层纹理可以以不同的 Blend(混合)模式把场景中已存在的两个或多个纹理合成在一起。
- Utilities(工具节点):包括 General(常规节点)、Switch(开关节点)、Color(颜色节点)、Particle(粒子节点)。
- Light(灯光):包括 6 种灯光类型,分别是 Ambient(环境光)、Directional Light(平行光)、Point Light(泛光灯)、Spot Light(聚灯光)、Area Light(面积光)、Volume Light(体积光)。
- Camera(摄影机):包含摄影机和图像平面节点,选择此命令在场景中就会自动生成一个摄影机。
- Create Render Node(创建窗口):打开有多个选项的窗口,将上述选项集合在一起的渲染节点的类型视窗。
- Create Option(创建选项):该选项中的功能可以方便用户不必手动连接一些默认即连接的节点。
- Include Shading Group with Materials(自动创建材质组):打开此项,当用户创建一个材质球市系统则会自动创建一个 Shading Group(灯光组)与之连接。
- Include Placement with Textures(创建纹理坐标):打开此项,在创建 2D 或 3D 纹理时会自动生成一个纹理坐标系与之连接。

⑥ Tabs(标签)中的各命令。

- Create New Tab(生成一个新的标签):选择此命令将弹出一个对话框,可设置新标签的名称、位置、内容属性。
- Tab Type(标签类型):包含 3 种标签类型,分别为 Scene(场景)、Disk(硬盘)、Work Area(工作区域)。
- Scene(场景):将新标签添加到场景材质组中。
- Disk(硬盘):将某文件包中的材质文件调入标签。选择该项会产生一个 Root Directory 路径,可以将指定的文件包调入。可以根据你所想加入的文件类型进行选择。
- Work Area(工作区域):将新标签添加到新工作区域中。
- Show Nodes Which are(显示类型):选择标签中自定义的显示类型。

单击 Create(创建) 按钮即可在 Top Bar 中生成一个新标签,用来显示场景样本,内容为材质类型。

- More Tab up(移动标签命令):可以将所选中的标签进行上移、下移、左移和右移的变动。
- Rename Tab(重命名):对新标签重新命名。
- Remove Tab(删除):删除新建标签或默认的所有标签。

- Revert to Default Tabs(返回默认状态)：利用此项命令可以清除所有新建的Tab。在执行此命令时，会弹出一个对话框，警示将失去新建的Tab。
- Show Tab(显示标签)：用于显示Tab。
- Show Top and Bottom Tabs(显示上下标签)：显示Top和Bottom Tab。

⑦ Graph(图表)：Graph(图表)中的常用命令。

- Graph Materials on selected Objects(显示节点网络)显示在场景中选择的某一个物体模型上的所有节点网络视图，前提是必须对其施加了材质节点。
- Clear Graph(清除)：清除Hyper shade(材质编辑器)的Work Area(工作区)的所有节点。
- Rearrange Graph(重新组织节点视图)：利用这一命令，可以重新排列节点网络。

⑧ Window(视窗)："视窗"菜单中的命令都为开启其他窗口命令，主要包括Attribute Editor(属性编辑器)、Attribute Spread Sheet(属性列表编辑器)、Connection Editor(关联编辑器)和Connect Selected(连接选择节点)命令。

- Attribute Editor(属性编辑器)：显示别选节点的属性编辑器。还有一种更为便捷的方式就是选择节点后按Ctrl+A组合键即可调用。
- Attribute Spread Sheet(属性列表编辑器)：它可以对所选节点的多种属性在一个编辑栏中同时编辑。这些节点属性在Channel box(通道盒)中也有对应。
- Connection Editor(关联编辑器)：显示连接属性编辑器。将所选的节点分别放置于输入和输出列表。将其相关联的节点属性进行高亮显示。这样就可以形成新的节点网络，还可直接利用鼠标在节点图标中进行连接，形成更为直观。
- Elected(连接选择节点)：此命令可以将所选择的任意节点属性在Connection Editor(关联编辑器)的输出列表中显示。

⑨ Options(选项栏)中的命令。

下面主要介绍常用的Create bar(材质创建面板)命令。该命令可以对Create Maya Nodes进行显示或隐藏，功能与图2-5中的按钮相同，其中常用的子命令如下。

- Display Icons and Text(显示按钮和名称)：显示选择图文按钮和名称。
- Display Icons Only(只显示图文按钮)：可以用来扩大工作视窗。

(2) 常用工具栏，如图2-6所示。

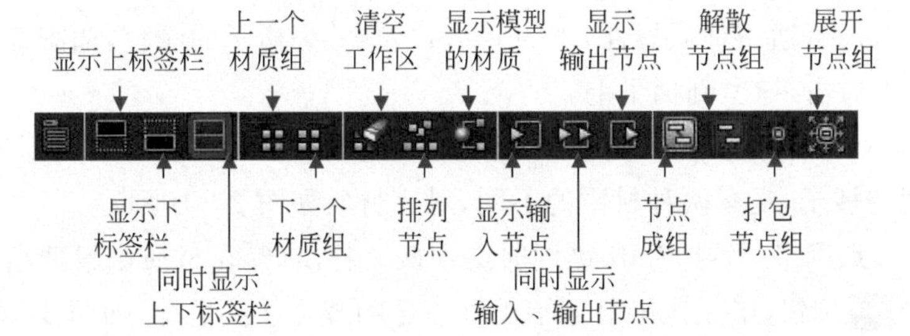

图2-6 常用工具栏

(3) Create Maya Nodes(材质创建面板)。

Maya 的 Surface Materials(表面材质)中的材质球是直接使用在模型表面,模拟真实世界中不同质感的物体,如图 2-7 所示。

(4) Top Tabs(上标签栏):用来存放用户自定义创建的材质、纹理、灯光等节点。

(5) Bottom Tabs(下标签栏):在一般情况下,主要使用其中的 Work Area(工作区),工作区是调配材质的重要平台,可以把它比作画家手中的调色板,材质节点的连接和图标都可以在这里看到。

图 2-7　材质创建面板

任务实施

(1) 打开文件,执行 File(文件)→Open(项目)命令,打开光盘文件"h_Project\scenes\orange-3.mb"。

(2) 打开材质编辑器,执行 Window(窗口)→Rendering Editors(渲染编辑器)→Hypershade(材质编辑器)命令,打开上下标签栏。

(3) 选择场景中没有叶子的橘子,在 Hypershade(材质编辑器)窗口单击 Create Maya Nodes(创建 Maya 节点)选项栏中的 Phong 材质,双击材质球打开属性面板,调整 Common Material Attributes(通用材质属性)中的 Color(颜色)为橘子的颜色,如图 2-8 所示。

(4) 在其上右击,拖曳到橘子上。

(5) 在 Create Maya Nodes(创建 Maya 节点)选项栏中的 Lambert 材质中创建同色的材质赋予中间的橘子,观察两种材质的不同,对比材质如图 2-9 所示。

(6) 查看节点网络,按住 Shift 键同时选中两个材质球,在材质编辑器窗口中单击(输入/输出节点)按钮,工作区中会显示出材质球的节点连接情况,如图 2-10 所示。

(7) 将连接好的节点打断,单击 Phong 材质节点,选择连接线,按 Delete 键。

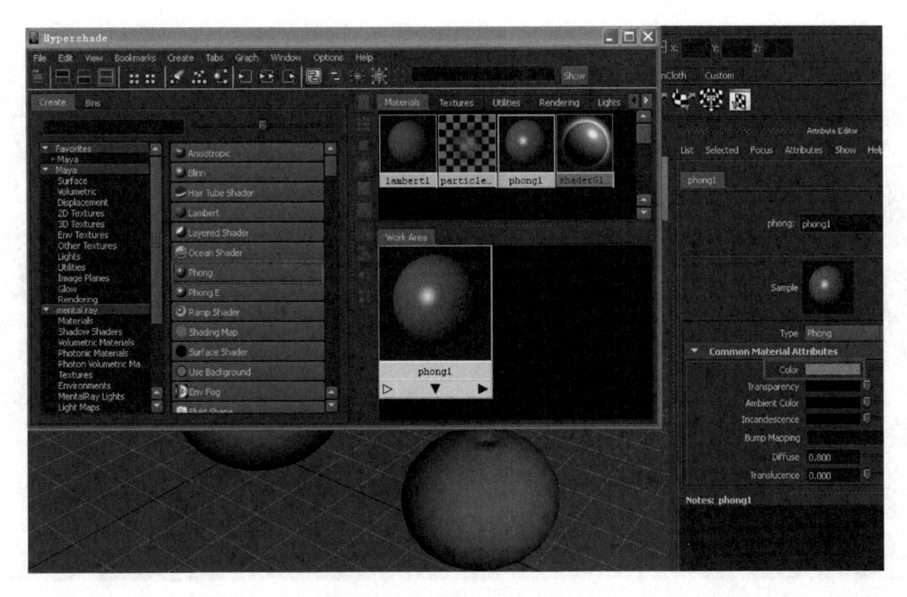

图 2-8 调整色彩属性

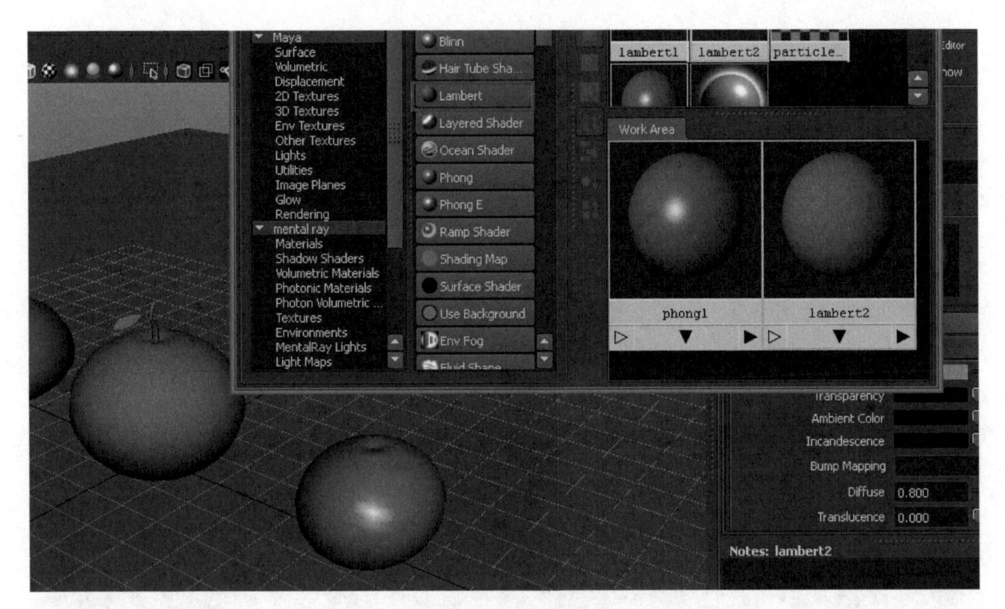

图 2-9 对比材质

(8) 选择 Lambert，按 Ctrl+A 组合键打开属性编辑面板，在赋予纹理的材质选项上右击，在弹出的标记菜单中单击 Break Connection(打断连接)可以打断贴图与材质之间的连接。

(9) 创建一个 Blinn 材质，将 Color(颜色)调整为叶子的颜色，按 F11 键，打开面编辑模式，选择橘子的叶片部分的面，右击 Assign Material To Selection(材质赋给被选择)，如图 2-11 所示。

图 2-10　展开节点

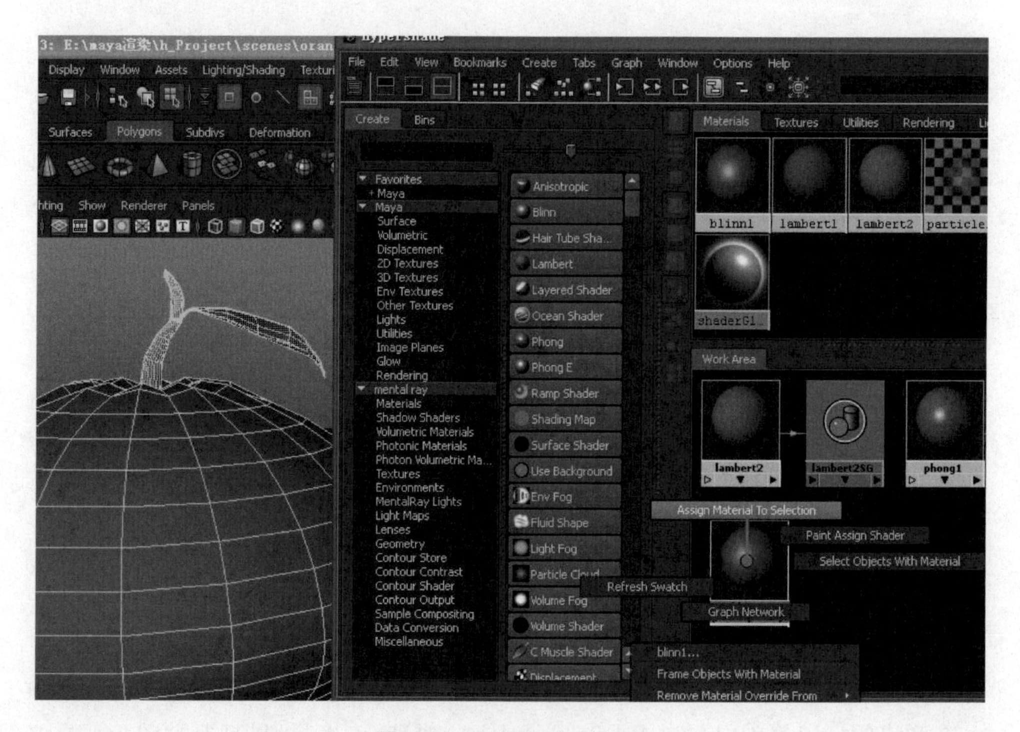

图 2-11　选择面赋予材质

(10) 给带绿叶子的橘子附上材质。

(11) 将另一个橘子的叶子改变材质。

(12) 调整叶柄的颜色,参考效果如图 2-12 所示。

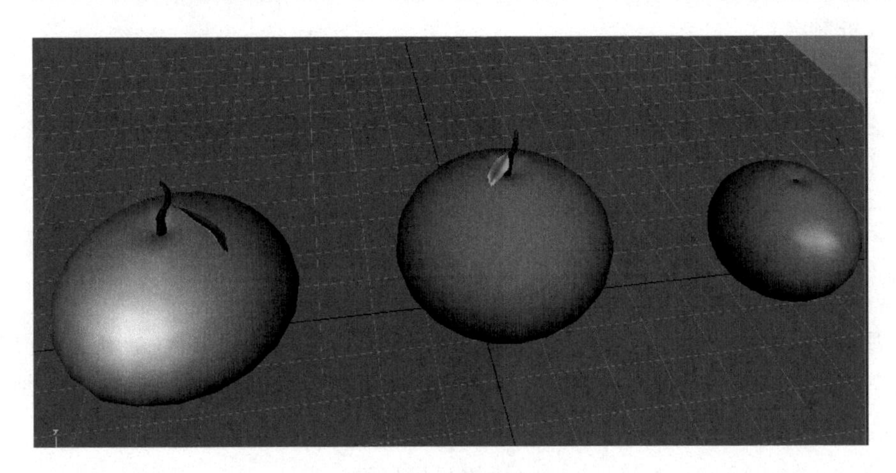

图 2-12 参考效果

任务二 表面材质属性——制作一杯茶

三维制作时，通常将物体的外观表现统一称为材质，但实际上材质由质感和纹理两个基本内容所组成。质感是指物体的基本物理属性，也就是通常所提到的金属质感、玻璃质感、皮肤质感等，这些都属于表面材质属性的范畴，而纹理是指物体表面的图案、凹凸和反射等。

任务分析

1. 制作分析

- 了解材质类型关系。
- 使用 Hypershade(材质编辑器)命令创建材质节点。
- 使用属性编辑面板编辑材质属性。
- 对场景进行渲染。

2. 通过本任务的制作，要求掌握如下内容

- 打开 Window(窗口)→Rendering Editors(渲染编辑器)→Hypershade(材质编辑器)窗口创建材质节点。
- 选择编辑对象按 Ctrl+A 组合键打开属性编辑面板。
- 调整 Checker Attributes 纹理颜色和 2d Texture Placement Attributes 的 Repeat UV 重复度。
- 了解属性面板的 Specular shading(高光明暗)、Specular color(高光颜色)选项栏，调整 Cosine power(余弦幂)。
- 了解属性面板的 Common material attributes(常用材质属性)选项栏，调整 Transparecy(透明度)。
- 了解属性面板的 Raytrace options(光线追踪选项)选项栏，调整 Refractive index

（折射率）。

- 了解 Window（窗口）→Render Editors（渲染编辑器）→Render setting（渲染设置）→Maya software（Maya 软件）→Raytracing quality（光线追踪质量）→Rayctracing（光线追踪）选项和 Quality（质量）选项的 Production quality（产品质量）类型。
- 了解属性面板设置 Ambient color（环境色）选项的 HSV 参数。

新知解析

材质基本属性主要有五大类：Common Material Attributes（通用材质属性）、Specular Shading（高光材质）、Special Effects（特殊属性）、Matte Optacity（不透明遮罩）和 Raytrace Optacity（光线追踪）。

(1) Common Material Attributes（通用材质属性）

通用材质属性是指大部分材质都具有的属性。基本上描述了物体表面的视觉元素的大部分内容。

- Color（颜色）：设置材质的颜色，又叫漫反射颜色。在 Color Chooser（色彩调节器）中精确调整。
- Transparency（透明度）：Transparency 的值为 0（黑）表面完全不透明。若值为 1（白）这为完全透明。
- Ambient Color（环境色）的颜色默认为黑色，这时它并不影响材质的颜色。当 Ambient Color 变亮时，它改变被照亮部分的颜色，并混合这两种颜色（主要是影响材质的阴影和中间调部分。它模拟环境对材质影响的效果，是一个被动的反映）。
- Incandescence（自发光）：又称白炽属性，模仿表面自发光的物体，并不能照亮别的物体，但在 Insight（洞察）渲染器中一旦启动了 Self Emission（光能发散）属性，就会真的发光（和 Ambient Color（环境色）的区别是一个是被动受光，一个是本身主动发光）。
- Bump Mapping（凹凸贴图）：设定物体表面的凹凸程度。通过对凹凸映射纹理的像素颜色强度的取值，在渲染时改变模型表面法线使它看上去产生凹凸的感觉，实际上给予了凹凸贴图的物体的表面并没有改变。
- Diffuse（漫反射）：它描述的是物体在各个方向反射光线的能力。Diffuse 值的作用是一个比例因子。应用于 Color 设置，Diffuse 的值越高，越接近设置的表面颜色（它主要影响材质的中间调部分）。其默认值为 0.8，可用值为 0～∞。
- Translucence（半透明）：是指一种材质允许光线通过，但是并不是真正的透明的状态。这样的材质可以接受来自外部的光线，变得有通透感。常见的半透明材质还有蜡、布、纸张、模糊玻璃以及花瓣和叶片等。若设置物体具有较高的 Translucence 值，这时应该降低 Diffuse 值以避免冲突。表面的实际半透明效果基于从光源处获得的照明，和它的透明性是无关的。但是当一个物体越透明时，

其半透明和漫射也会得到调节。环境光对半透明(或者漫射)无影响。

- Translucence Depth(半透明深度):设定材质的半透明深度。
- Translucence Focus(半透明焦距):设定材质的半透明焦距。

(2) 高光属性(Lambert 没有此类属性)

控制表面反射灯光或者表面炽热所产生的辉光的外观。它对于 Lambert、Phong、PhongE、Blinn、Anisotropic 材质的用处很大。

① Anisotropic(各向异性):用于模拟具有细微凹槽的表面,并且镜面高光与凹槽的方向接近于垂直。

- Angle(角度):控制 Anisotropic(各向异性)的高光方向。
- Spread X 和 Spread Y(扩散度):控制 Anisotropic(各向异性)的高光在各方向的扩散程度,用这两个参数可以形成柱状或锥状的高光。
- Roughness(粗糙度):控制高光粗糙程度。
- Fresnel Index(菲涅尔指数):控制高光强弱。
- Specular Color(高光颜色):是控制表面高光的颜色,黑色无表面高光。
- Reflectivity(反射率):控制反射能力的大小。
- Reflected Color(反射颜色):通过添加环境贴图来模拟反射减少渲染时间。
- Anisotropic Reflectivity(各项反射率):自动运算反射率。

② Blinn(布林):具有较好的软高光效果,有高质量的镜面高光效果。

- Eccentricity(离心率):设定镜面高光的范围。
- Specular Roll off(高光扩散):是控制表面反射环境的能力。
- Specular Color(高光色):是控制表面高光的颜色,黑色无表面高光。
- Reflectivity(反射率):控制反射能力的大小。
- Reflected Color(反射颜色):设定反射颜色。

③ Ocean Shander(海洋材质):主要应用于流体。

④ Phong(塑料):表面具有光泽的物体。

- Cosine Power(余弦率):控制高光大小。

⑤ Ramp shader(渐变材质)。

- Specularity(高光)和 Eccentricity(离心率):分别控制材质的强弱和大小。
- Specular Color(高光色):控制高光的颜色,不是单色,是一个可以直接控制的 Ramp(渐变色)。
- Specular Roll off(高光扩散):用于控制高光的强弱。

(3) Special Effects(特效)

- Hide Source(隐藏源):选中可平均发射辉光,但看不到辉光的源。
- Glow Intensity(辉光强度):设定辉光的强度。

(4) Matte Opacity(遮罩不透明度)

对每一种材质渲染的 Alpha 值进行控制,尤其是分层渲染的时候。

- Matte Opacity Mode(遮罩不透明模式)：有 Black Hole(黑洞)、Solid Matte(实体遮罩)以及 Opacity Gain(不透明放缩)3 个选项。
- Matte Opacity(遮罩不透明度)：设定遮罩的不透明度。

(5) Raytrace Options(光线追踪选项)

- Refractions(折射)：打开开关，计算光线追踪的效果，执行 Render setting(渲染设置)→Maya software(maya 软件)→Raytracing quality(光线追踪质量)→Rayctracing(光线追踪)命令。
- Refractive Index(折射率)：设定光线穿过透明物体时被弯曲的程度(在光线从一种介质进入另一种介质时发生，折射率和两种介质有关)。常见物体的折射率如下：空气/水 1.33 ，空气/玻璃 1.44，空气/石英 1.55，空气/晶体 2.00，空气/钻石 2.42。
- Refraction Limit(折射限制)：光线被折射的最大次数，低于 6 次就不计算折射了，一般就是 6 次，次数越多，运算速度就越慢，钻石折射次数一般算为 12。如果 Refraction Limit(折射限制)为 10，则表示该表面折射的光线在之前已经过了 9 次折射或反射。该表面不折射前面已经过了 10 次或更多次折射或反射的光。它的取值为 0～∞，滑杆的值为 0～10，默认值为 6。
- Light Absorbance(光的吸收率)：此值越大，对光线吸收越强，反射与折射率越小。
- Surface Thickness(表面厚度)：是指介质的厚度，通过此项的调节，可以影响折射的范围。一般来说，可以将面片渲染成一个有厚度的物体。
- Shadow Attenuation(阴影衰减)：是因折射范围的不同而导致阴影范围的大小变化。
- Chromatic Aberration(彩色相差)：打开该选项，在光线追踪时通过折射得到丰富的彩色效果。
- Reflection Limit(反射限制)：设定反射的次数。如果 Reflection Limit=10，则表示该表面反射的光线在之前已经过了 9 次反射。该表面不反射前面已经过了 10 次或更多次反射的光。它的取值为 0～∞，滑杆的值为 0～10，默认值为 1。
- Reflection Specularity(镜面反射强度)：设定镜面反射强度。此属性用于 Phong、phong E、Blinn、Anisotropic 材质。

任务实施

(1) 打开文件，执行 File(文件)→Open(项目)命令，打开光盘文件“h_Project\scenes\Cup.mb”。

(2) 通过材质编辑器编辑材质，选择 Window(窗口)→Rendering Editors(渲染编辑器)→Hypershade(材质编辑器)窗口，创建 Phong 材质节点，将其赋予场景中的玻璃杯对象，如图 2-13 所示。

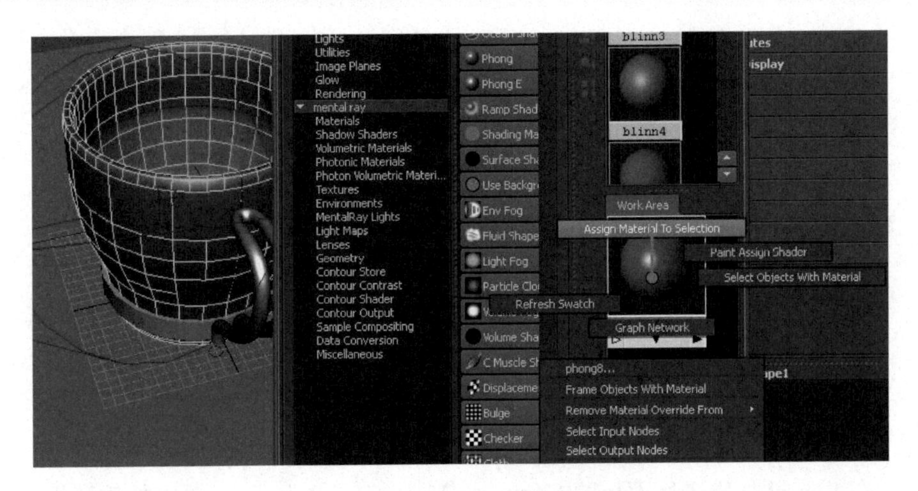

图 2-13 Phong 材质赋予玻璃杯对象

(3) 选择场景的环境对象，在视图中右击。在弹出的标记菜单中选择 Assign new materials(制定新材质)→Lambert 选项，为其指定 Lambert 材质类型，按 Ctrl＋A 组合键打开属性编辑面板或者单击右上方 show or hide the Attribute Editor 图标打开属性编辑面板，在材质属性编辑面板中的 Color(颜色)纹理通道内指定 Checker(棋盘)并对 Checker Attributes 纹理颜色和 2d Texture Placement Attributes 的 Repeat UV 重复度进行适当调整，如图 2-14 所示。

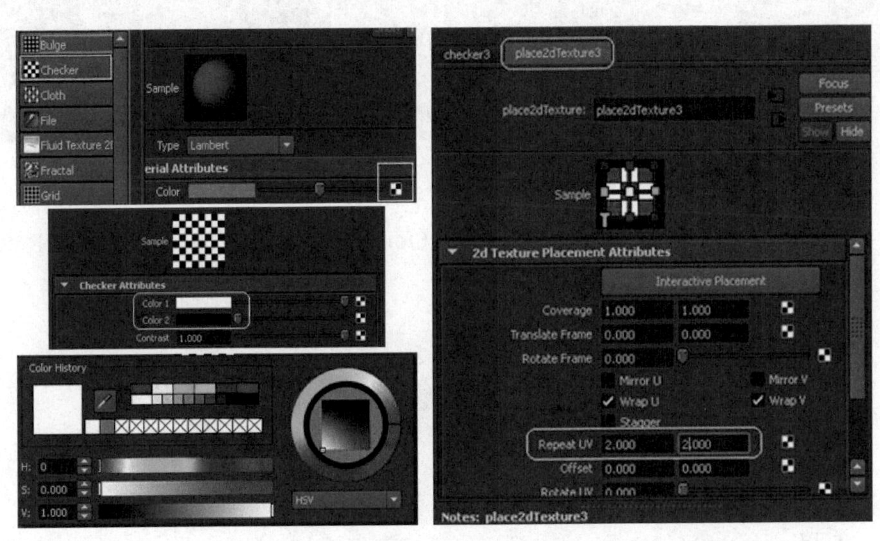

图 2-14 修改纹理颜色和重复度

(4) 按下对场景进行测试渲染，观察玻璃杯基本材质效果，如图 2-15 所示。

(5) 选择场景的玻璃杯对象，按 Ctrl＋A 组合键打开属性编辑面板，在 Phong 材质属性面板的 Specular Shading(高光明暗)选项栏中调整 Cosine Power(余弦幂)参数值为 96，Specular Color(高光颜色)选项为白色，并观察实时渲染更新的结果。

图 2-15　渲染基本材质

(6) 在 Phong 材质属性面板的 Common Material Attributes(常用材质属性)选项栏中调整 Transparecy(透明度)颜色为白色,并在渲染视图窗口再次渲染,如图 2-16 所示。

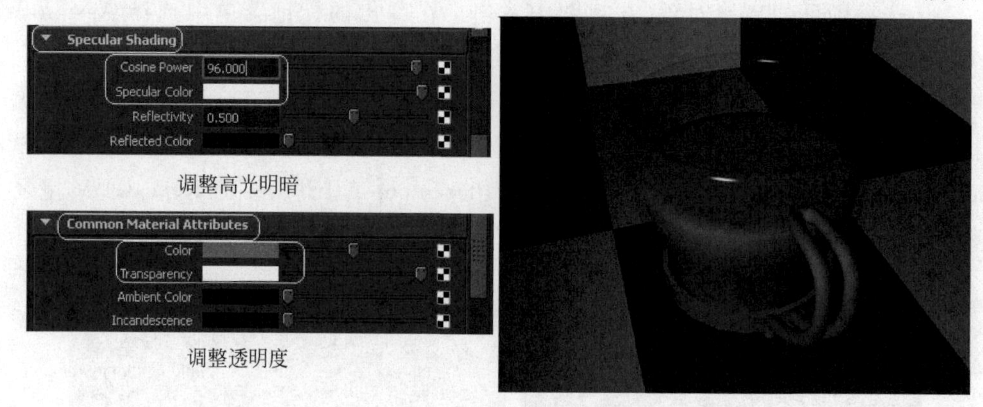

图 2-16　修改高光明暗和透明度

(7) 在 Phong 材质属性面板的 Raytrace Options(光线追踪选项)中调整 Refractive Index(折射率)参数值为 1.5,如图 2-17 所示。

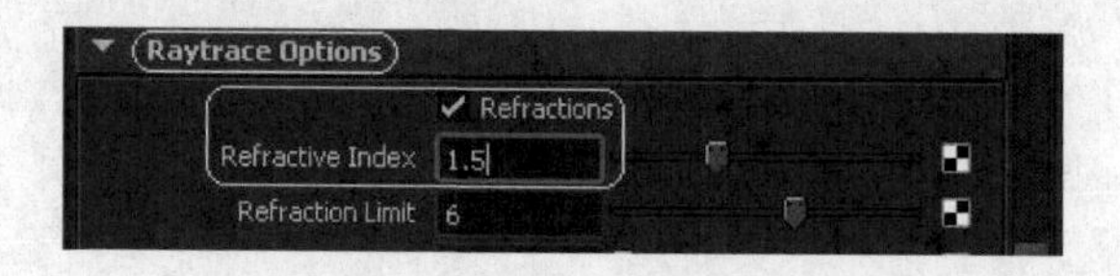

图 2-17　修改折射率

(8) 在 Window(窗口)→Render Editors(渲染编辑器)→Render Setting(渲染设置)窗口的 Maya Software(Maya 软件)标签下开启 Raytracing Quality(光线追踪质量)选项栏中的 Raytracing(光线追踪)选项并在试图渲染窗口中单击按钮对场景进行渲染,如图 2-18 所示。

(9) 在 Phong 材质属性面板的 Specular Shading(高光明暗)选项栏中调整 Reflectivity(反射率)参数值为 0.2。

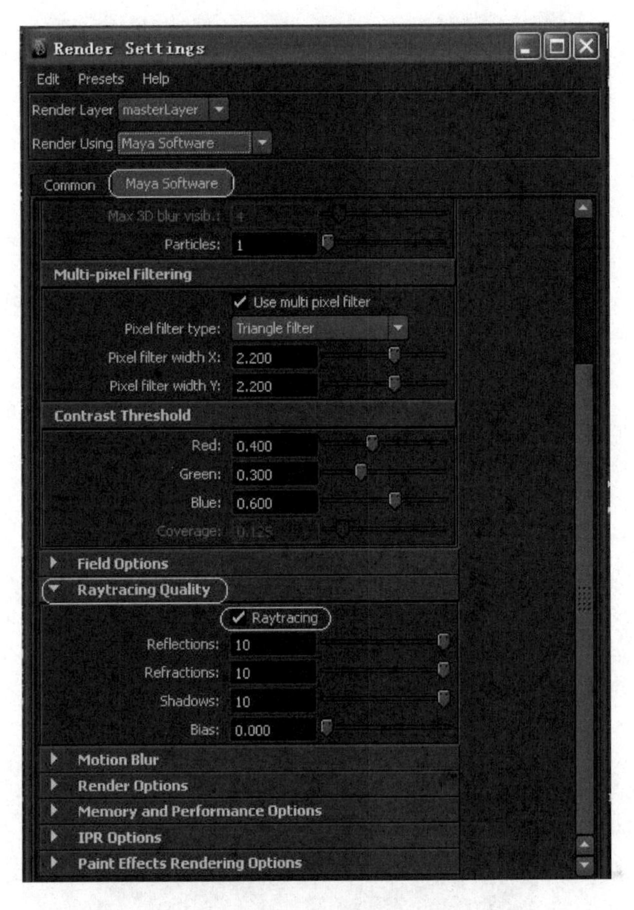

图 2-18 光线跟踪

(10) 在 Window(窗口)→Render Editors(渲染编辑器)→Render Settings(渲染设置)窗口的 Maya Software(Maya 软件)标签下,Anti-aliasing-Quality(渲染抗锯齿质量)栏目中 Quality(质量)选项指定 Production quality(产品质量)类型,并对场景进行渲染,渲染图像效果如图 2-19 所示。

(11) 制作玻璃杯中的茶水材质,茶水的材质与玻璃杯的材质是一样的,只是要调节颜色以模拟茶水的颜色,如图 2-20 所示。

(12) 执行 Window(窗口)→Rendering Editors(渲染编辑器)→Hypershade(材质编辑器)命令,创建 Blinn 材质节点,将其拖曳给场景中的金属托。

(13) 双击 Blinn 材质,在 Blinn 材质属性编辑面板中,设置 Color(颜色)选项为浅灰色,并设置 Ambient Color(环境色)选项的 HSV 参数为(60,1,0.058),为其加入黄色的环境颜色效果,如图 2-21 所示。

(14) 在 Specular Shading(高光明暗)选项栏中,设置 Specularcolor(高光颜色)选项为白色,调整 Specular roll off(高光滚动)参数值为 1,Reflectivity(反射率)参数为 1。

(15) 渲染观看最终效果如图 2-22 所示。

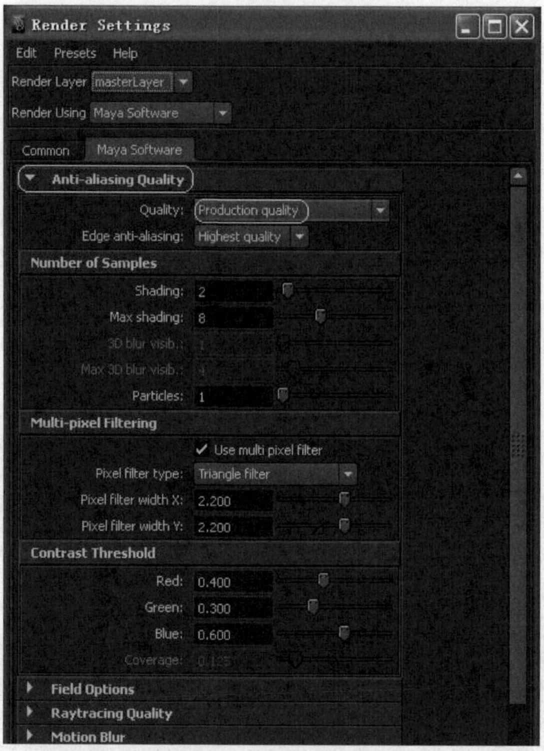

图 2-19 指定类型

图 2-20 茶水材质

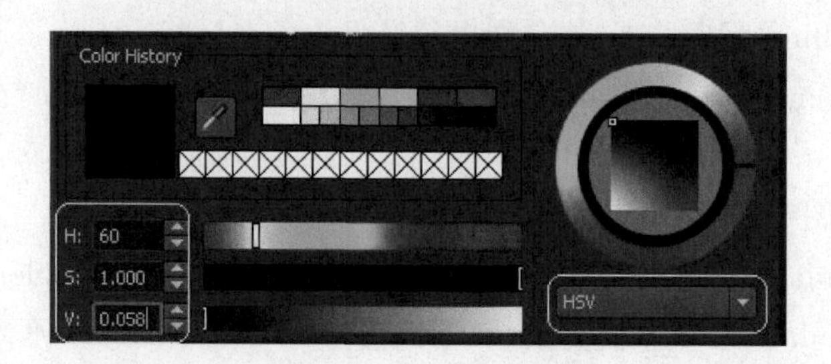

图 2-21 修改环境色

图 2-22 完成

任务三 二维纹理——制作相框材质

Maya 纹理节点分为 2D Textures(二维纹理)、3D Textures(三维纹理)、Environment (环境材质) 和 Layered Texture(层材质)几种类型。

2D Textures(二维纹理)用来模拟各种曲面材质类型的二维图案,二维纹理像一张包装纸一样包裹在模型的外面,通过调整 UV 大小和方向来展示材质的纹理,二维纹理的运算量很小,所消耗的 CPU 资源也较小,因此二维纹理以其快速稳定的特点得到更为广泛的使用。

任务分析

1. **制作分析**

- 为相框的四条边分别赋予不同的二维纹理。
- 调整二维纹理的属性。
- 三种贴图方式分别为 Normal(普通)、Asproject(投影)和 AS stencil(标签)。

2. **通过本任务的制作,要求掌握如下内容**

- 熟悉 2D Textures(二维纹理)选项栏。
- 了解 2D Textures Placement Attributes 面板。
- 掌握 Interactive Placement(交互放置)贴图放置操纵器。
- 学习 Stencil Attributes(标签属性)选项栏。
- 创建渐变 Mask(遮罩)效果。

新知解析

2D Textures(二维纹理):包括 14 种二维纹理与三种贴图方法。14 种二维纹理分别为 Bulge(凸出纹理)、Checker(棋盘格纹理)、Cloth(布料纹理)、File(文件纹理)、Fluid Texture 2D(二维流体纹理)、Fractal(分型纹理)、Grid(网格纹理)、Mountain(山脉纹理)、Movie(电影纹理)、Noise(噪波纹理)、Ocean(海洋纹理)、PSD File(Photoshop 文件)、

Ramp(渐变纹理)、Water(水波纹理),如图 2-23 所示。

图 2-23 二维纹理

三种贴图方式分别为 Normal(普通)、Asproject(投影)和 AS stencil(标签)。

1. Normal

• 在 Normal(普通)方式下,纹理被赋予物体表面 UV 空间,纹理如同包装纸一样对物体进行包裹,下面以 Checker(棋盘格纹理)为例讲解。

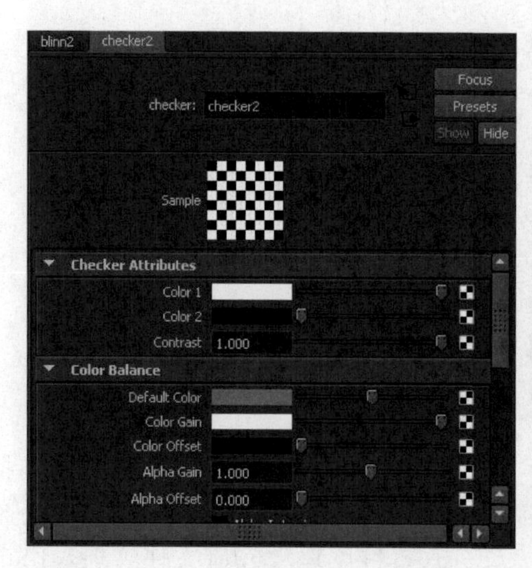

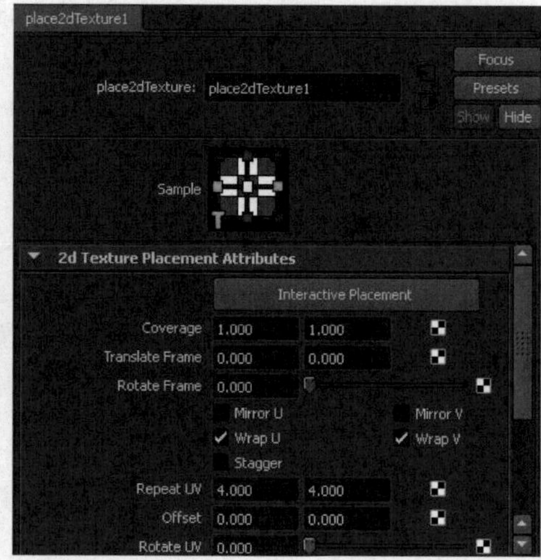

图 2-24 二维纹理属性面板

2d Textures Placement Attributes 属性编辑面板，如图 2-24 所示。在 2d Textures Placement Attributes 面板中，单击 Interactive Placement（交互放置）显示贴图放置操纵器，如图 2-25 所示。

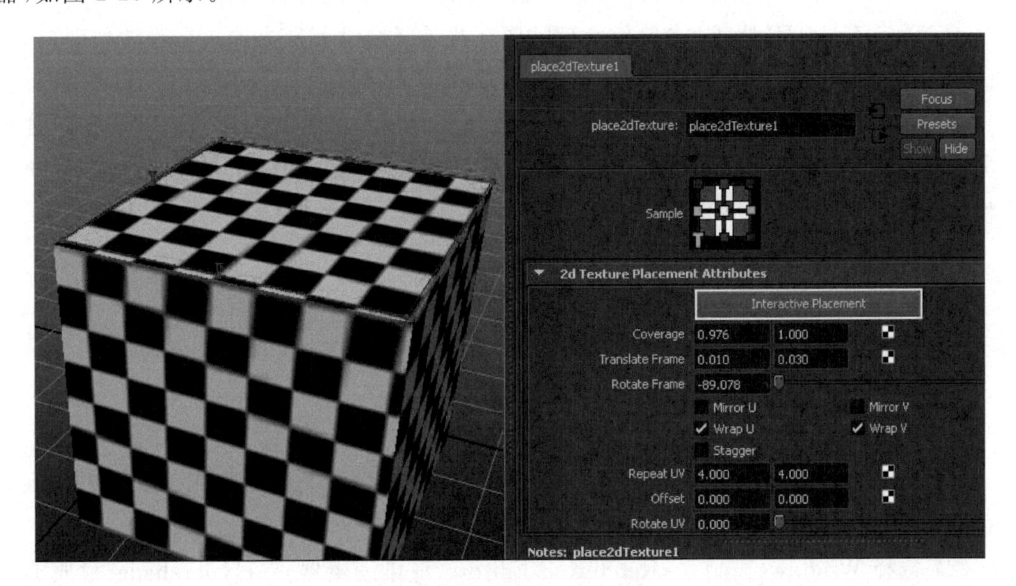

图 2-25 纹理贴图交互放置

按住鼠标中键拖动操纵器中心的图标，可以对纹理的位置进行调整；按住鼠标中键拖动操纵器边框的图标，可以调整 UV 方向的缩放值；按住鼠标中键拖动操纵器角点的图标，可以调整纹理的角度。

- Coverage（覆盖）参数值可以改变纹理在物体表面 UV 方向的覆盖率，参数变小后会导致二维纹理在物体表面覆盖面积变小，未被覆盖的部分将显示属性面板中所指定 Default Color（默认颜色），如图 2-26 所示。

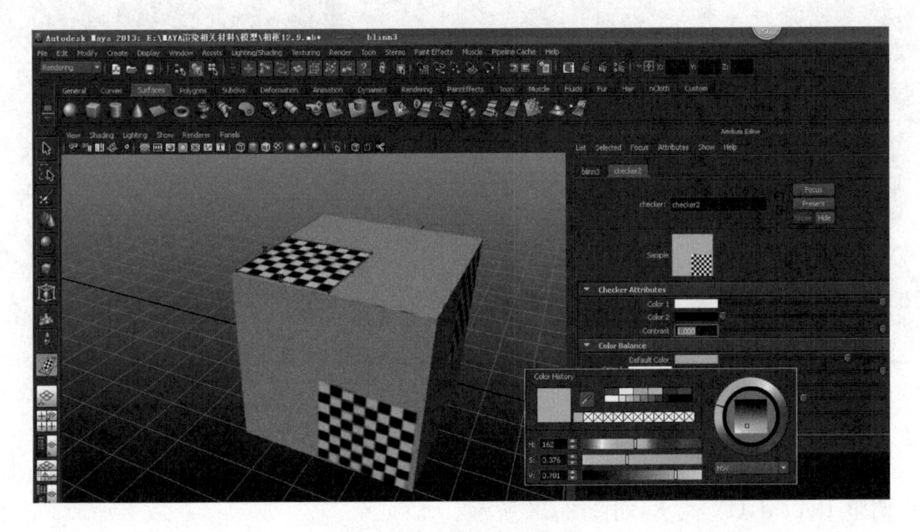

图 2-26 默认颜色显示

- Rotate Frame(构成旋转)参数,可以使纹理贴图沿顺时针方向在物体表面旋转。
- Repeat UV(UV 重复)参数使纹理贴图在覆盖区域沿 UV 方向进行复制。
- Offset(偏移)参数使纹理贴图在覆盖区域沿 UV 方向进行偏移。
- Noise UV(UV 噪波)参数使纹理贴图在覆盖区域沿 UV 方向进行噪波处理。

2. Asproject

在 Asproject(投影)方式下,可以使二维纹理以三维投影方式在放置物体表面。其投影类型包括 Planar(平面)、Spherical(球形)和 Cylindrical(圆柱形)等,可以按特定形状环绕物体表面。

3. Stencil

在 Stencil Attributes(标签属性)选项栏下,有 Edge Blend(边缘融合)、Mask(遮罩)选项。Mask(遮罩)通道使用一个纹理或影像作为遮罩,来控制纹理叠加的透明度。

任务实施

(1) 打开文件,执行 File(文件)→Open(项目)命令,打开光盘文件"h-Project\scenes\Photo. mb"。

(2) 选择 Window(窗口)→Rendering Editors(渲染编辑器)→Hypershade(材质编辑器)打开材质编辑器,如图 2-27 所示。

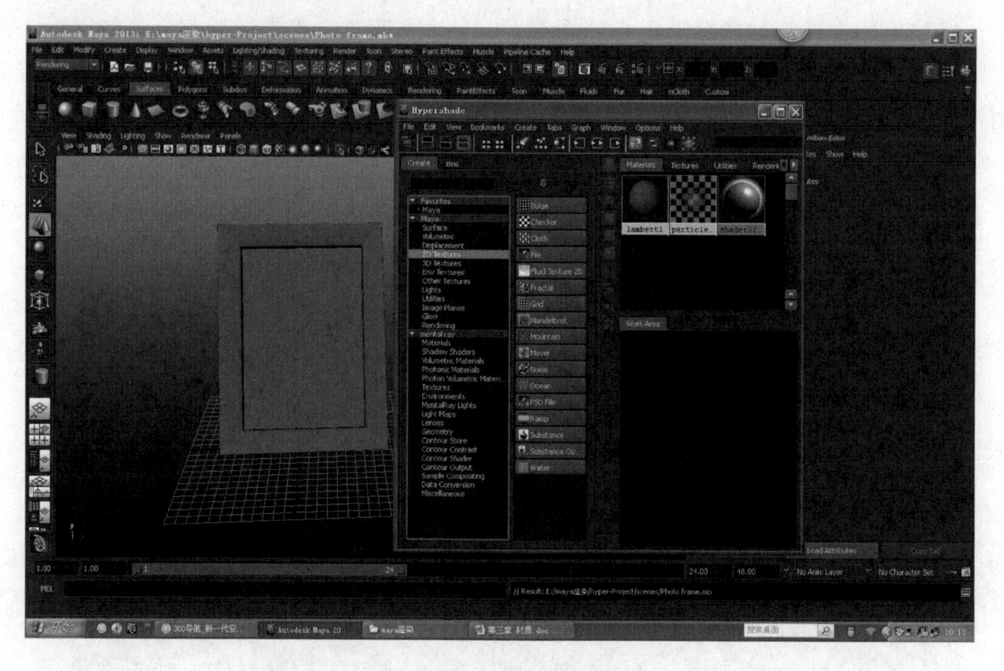

图 2-27 打开文件

(3) 选择相框的一条框边,在 2D Textures(二维纹理)选项栏中单击 Checker(棋盘格纹理),调整 Repeat UV 为 8,如图 2-28 所示。

(4) 在 2D Textures(二维纹理)选项栏中单击 Checker(棋盘格纹理),选择相框的一

条框边，右击，在弹出的标记菜单中选择 Assign Material to Selection（指定材质给所选对象）选项，切换至 place2dTexture 属性面板，单击 Interactive Placement（交互放置）显示贴图放置操纵器，按住鼠标中键拖动操纵器角点将纹理调到一半的位置，如图 2-29 所示。

图 2-28　调整 Repeat UV

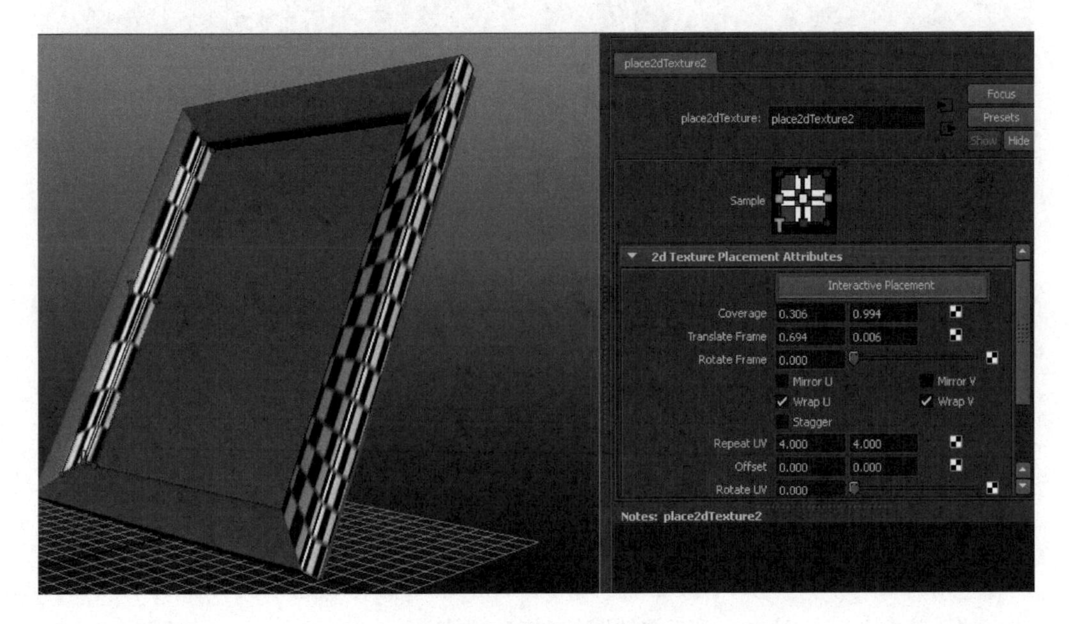

图 2-29　纹理交互放置

（5）选择第三条相框边，重复上面操作，调整 Coverage（覆盖）参数值为 1/0.5，在 checker 属性面板中指定 Default Color（默认颜色），效果如图 2-30 所示。

（6）选择第四条相框边，重复上面操作，调整 Noise UV（UV 噪波）参数值为 3.000/2.000，效果如图 2-31 所示。

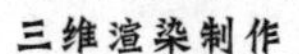

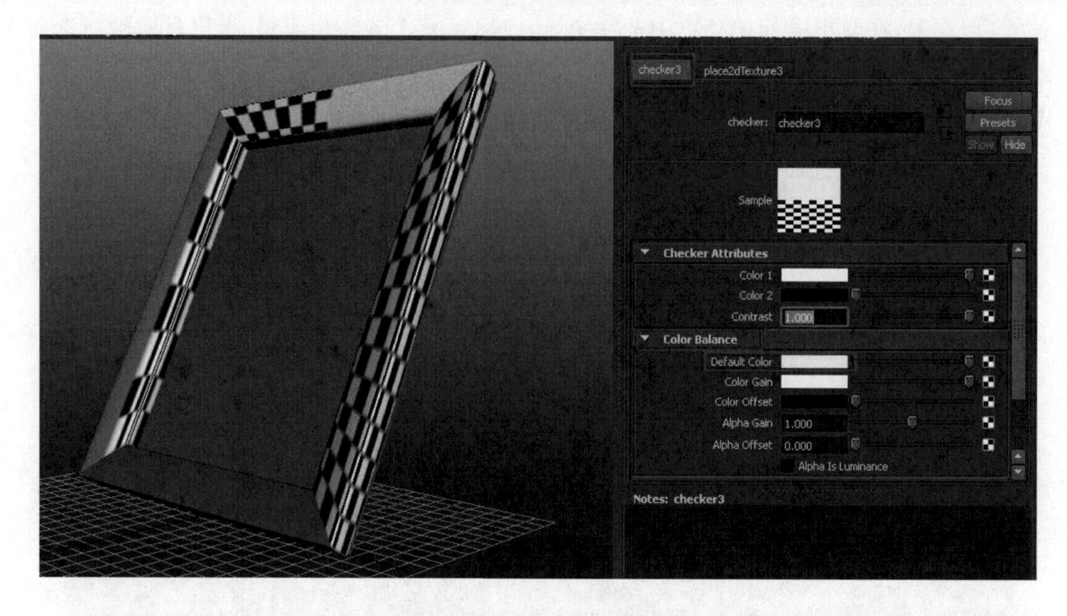

图 2-30　指定默认颜色

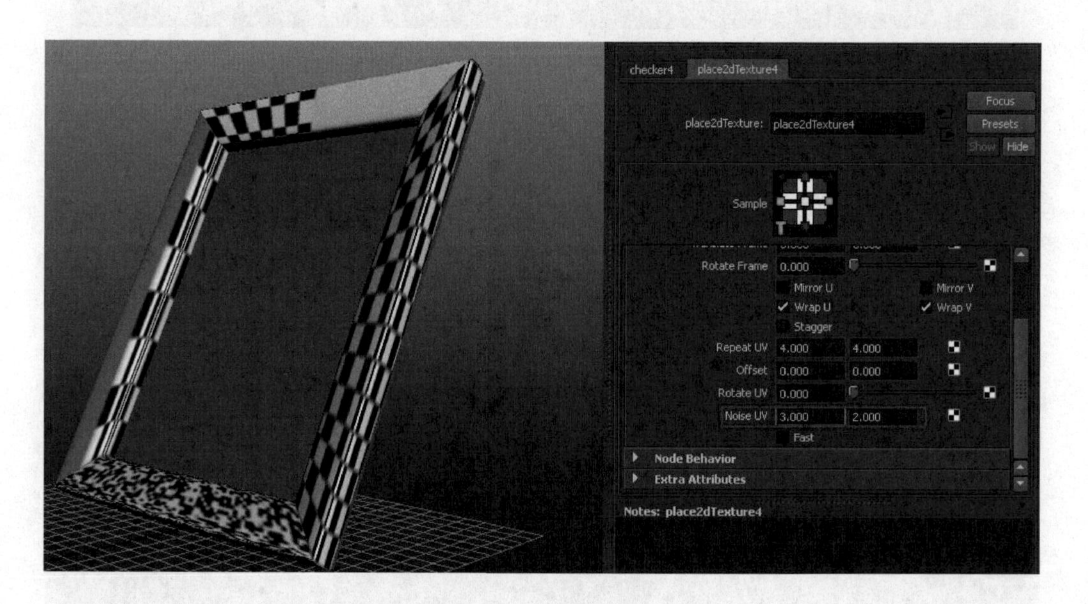

图 2-31　噪波效果

(7) 在 2D Textures(二维纹理)选项栏中单击 File(文件纹理),打开 File Attributes 属性面板,单击 Image Name 后面文件图标,打开"h-Project / sourceimges / Photo . JPG"文件,将材质赋予相框内的照片区域,效果如图 2-32 所示。

(8) 选择第二条相框边,删除材质。

(9) 在 Hypershade(材质编辑器)选择 Surface(曲面)创建 Blinn(布林材质),并将它赋予第二条相框边。

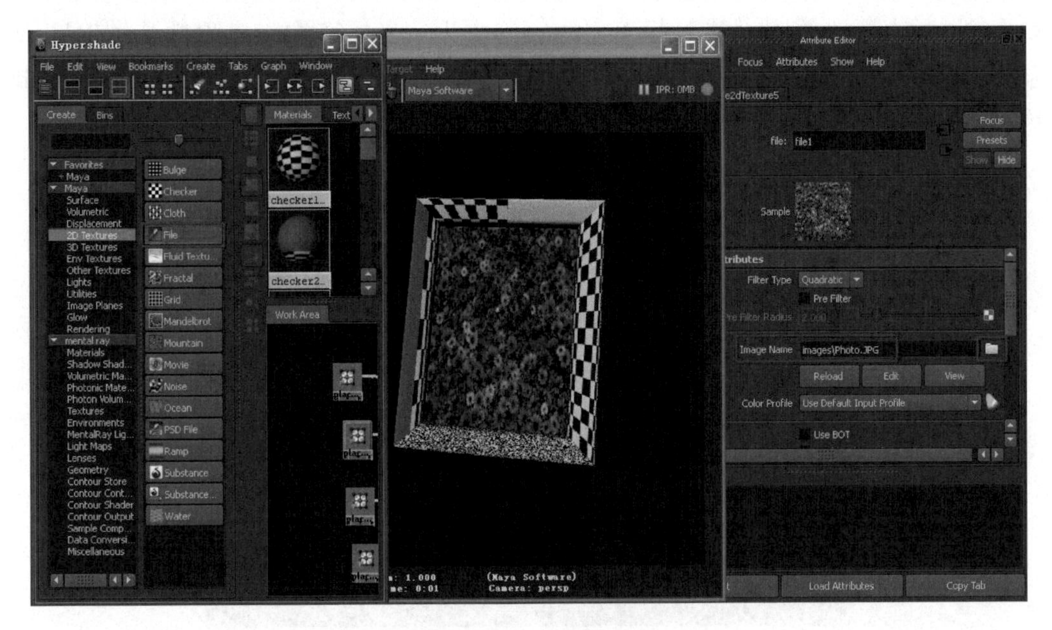

图 2-32　File(文件纹理)

(10) 在 Hypershade(材质编辑器)菜单栏选择 Create(创建)→2D Textures(二维纹理)→2D Stencil(标签)创建标签节点,如图 2-33 所示。

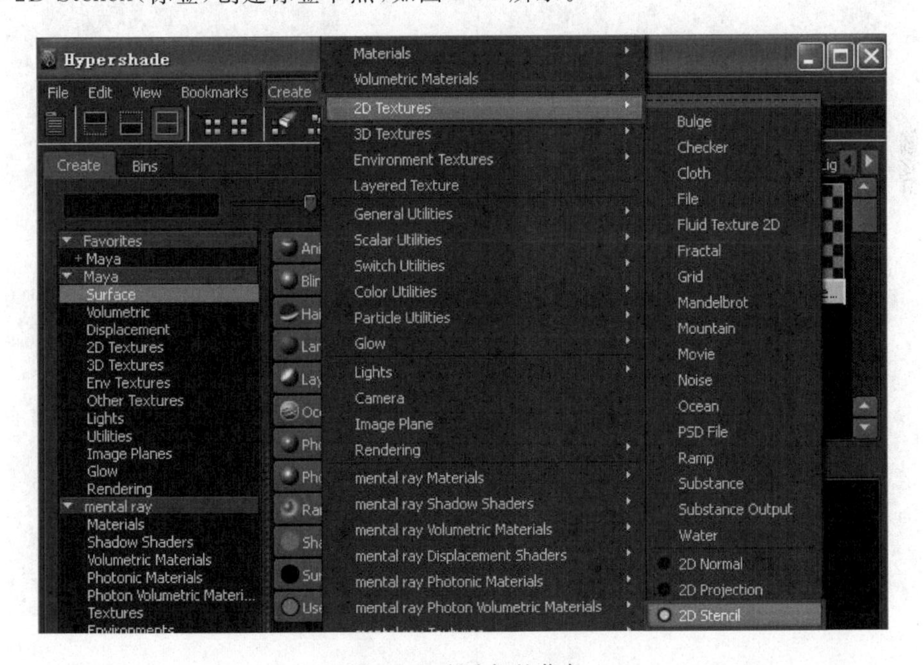

图 2-33　创建标签节点

(11) 按住鼠标中键将 Stencil(标签)节点图标拖动到 Blinn(布林材质)上,在弹出的 Connect input of:blinn2 菜单下选择 color,如图 2-34 所示。

(12) 在 Hypershade(材质编辑器)菜单栏选择 Create(创建)→2D Textures(二维纹

理)→Normal(普通)创建普通节点，在 Stencil Attributes(标签属性)选项栏下单击 Mask(遮罩)选项右侧的贴图按钮，在弹出的 Create Render Node(创建渲染节点)窗口中单击 Ramp(渐变材质)，如图 2-35 所示。

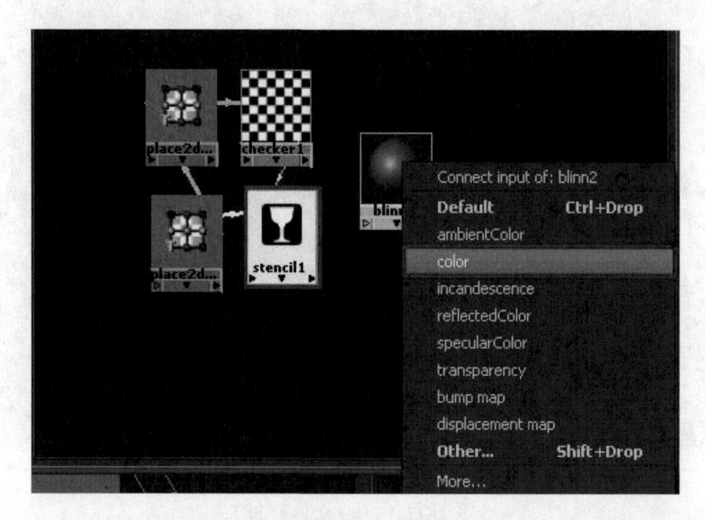

图 2-34 连接 Stencil(标签)节点

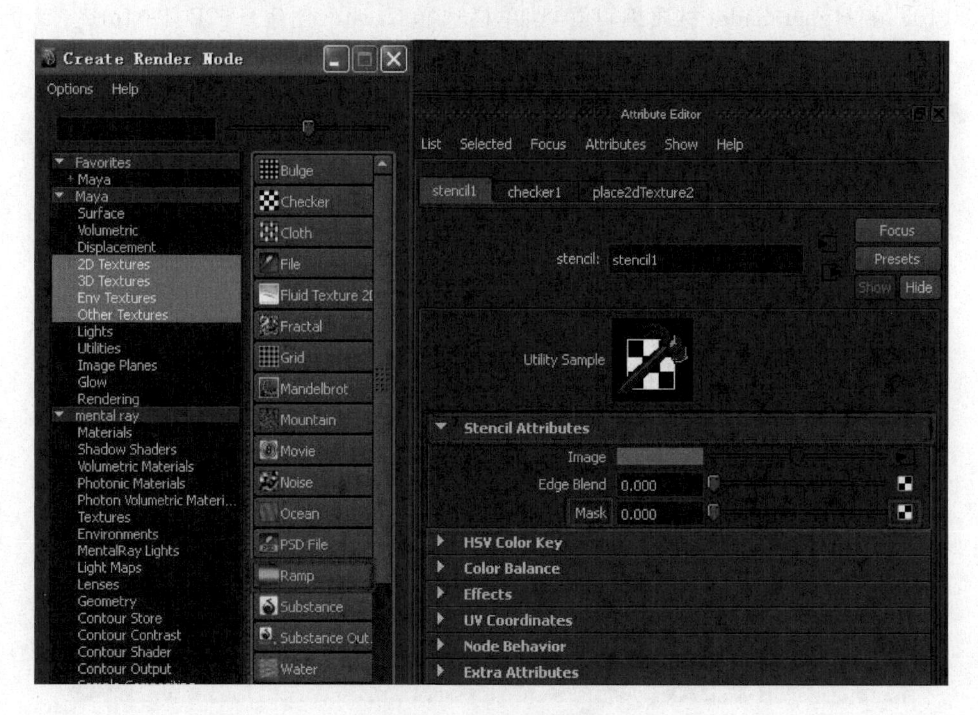

图 2-35 加入渐变遮罩

(13) 进入 Ramp Attributes(渐变材质属性)面板，将颜色调整为黑白过渡，可以发现黑白渐变对纹理的影响，如图 2-36 所示。

图 2-36　渐变遮罩颜色的影响

任务四　三维纹理——制作小橱材质

Maya 纹理节点分为 2D Textures(二维纹理)、3D Textures(三维纹理)、Environment(环境材质) 和 Layered Texture(层材质)类型。

任务分析

1. 制作分析

- 为小橱的桌面和抽屉分别赋予不同的三维纹理。
- 调整三维纹理的属性。

2. 通过本任务的制作,要求掌握如下内容

- 熟悉 3D Textures(三维纹理)选项栏。
- 了解 3D Textures Placement Attributes 面板。

新知解析

2D Textures(二维纹理)仅仅与模型的 UV 有关,而 3D Textures(三维纹理)与模型的表面位置有关,不需要 UV 信息,而是根据 3D 坐标进行贴图定位,在物体表面具有连续性,3D 纹理运算量比较大,要占用较多的 CPU 资源,但是结果所占的内存少,因此大型的影视渲染输出时,为了追求稳定的渲染结果,3D 纹理使用量并不多。

3D Textures(三维纹理):包括 14 种 3D 纹理,分别为 Brownian(布朗)、Cloud(云)、Crater(弹坑)、Fluid Texture 3D(3D 流体)、Granite(花岗岩)、Leather(皮革)、Mandelbrot 3D(曼德布洛特)、Marble(大理石)、Rock(岩石)、Snow(雪)、Solid Fractal(固体分形)、

Stucco(灰泥)、Volume Noise(体积噪波)、Wood(木纹),如图 2-37 所示。

图 2-37　3D Textures(三维纹理)

任务实施

(1) 打开文件,执行 File(文件)→Open(项目)命令,打开"h-Project\scenes\Kitchen.mb"文件。

(2) 选择 Window(窗口)→Rendering Editors(渲染编辑器)→Hypershade(材质编辑器),打开材质编辑器,如图 2-38 所示。

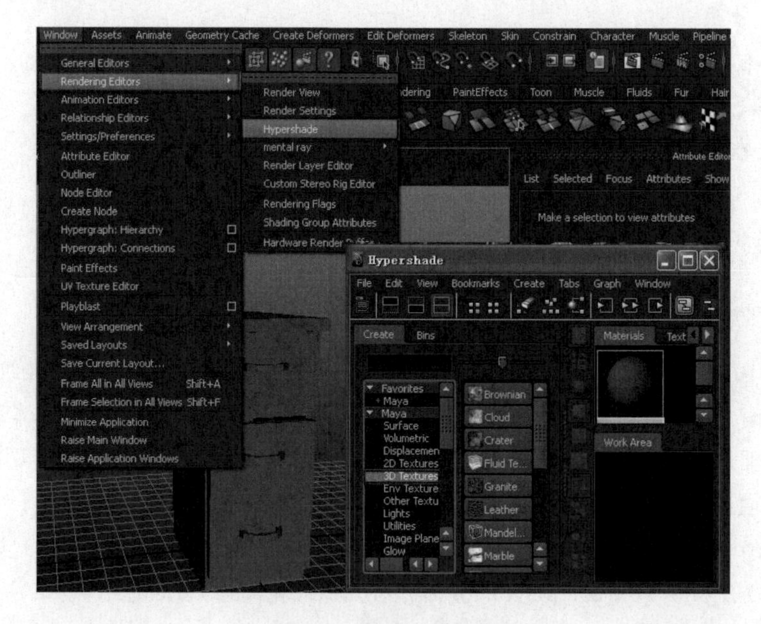

图 2-38　打开三维贴图

(3) 在 3D Textures(三维纹理)选项栏中单击 Wood(木纹纹理),在 Wood Attributes(木纹纹理属性)栏内调节木纹的颜色,如图 2-39 所示。

图 2-39　调整木纹的颜色

(4) 在 Wood Attributes(木纹属性)栏内调节其他木纹属性,如图 2-40 所示。

图 2-40　调节其他属性

(5) 将材质赋予小橱的第一个抽屉。

(6) 更改 Transform Attributes(贴图属性),效果如图 2-41 所示。

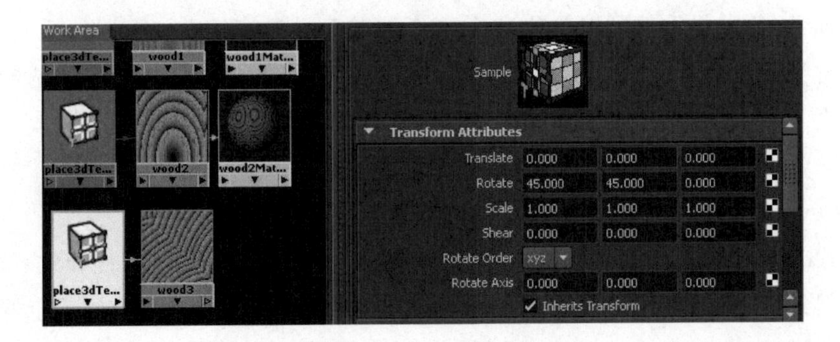

图 2-41　更改贴图属性

(7) 达到自己认为最为满意的贴图效果。

任务五　层材质——制作陶罐的层材质

任务分析

1. 复习

- 2D Textures(二维纹理)。
- 3D Textures(三维纹理)。

2. 工具分析

- 创建 File(文件)节点。
- 鼠标中键连接材质球。
- Bump Depth(凹凸深度)属性。
- Diffuse(弥漫性)、Eccentricity(偏心)、Specular Roll Off(镜面滚动)、Transparency(透明度)。
- 使用 Layered Shader(分层着色器)。
- 使用 Ramp(渐变材质)。
- 调整 Ramp Attributes(渐变材质属性)。

制作分析

利用层材质,模仿一个上层为深红色亮釉、下层为黄色陶土的陶罐。既要模仿亮釉的光亮和厚度,又要体现陶土的凹凸颗粒质感。

新知解析

在 Maya 中可以使用两种方法对纹理进行分层:使用带纹理合成标志的 Layered Shader(分层着色器),或使用 Layered Texture(分层纹理)节点。

Layered Shader(分层着色器)它可以将不同的材质节点合成在一起。每一层都具有其自己的属性,每种材质都可以单独设计,然后连接到分层底纹上。上层的透明度可以调整或者建立贴图,显示出下层的某个部分。在层材质中,白色的区域是完全透明的,黑色区域是完全不透明的,本节将主要讲述这个工具。

(1) Layered Shader(分层着色器),如图 2-42 所示。

(2) Layered Shader(分层着色器)节点属性。

Layered Shader(分层着色器)有一个名为“合成标志”的属性,该属性导致着色器类型对材质或对纹理进行分层。可以使用该属性对带有 Layered Shader(分层着色器)节点的纹理进行分层。

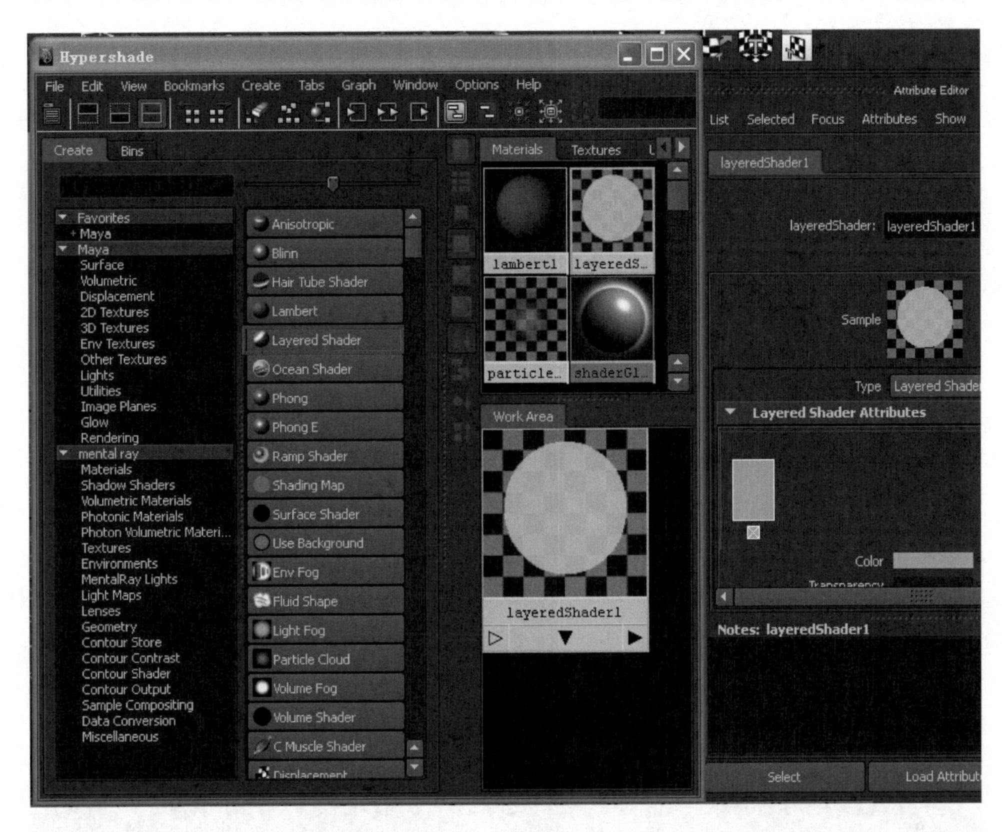

图 2-42 Layered Shader

- Transparency(透明度)设定材质的透明度。默认情况下,材质是半透明的。
- Compositing Flag(合成标志)合成 Layered Shader(分层着色器)节点或 Layer Texture(层纹理)节点中的层。各个模式计算透明度标志的方式不同。Layered Shader(分层着色器)是将颜色和透明度一起进行处理并传递。Layer Texture(层纹理)将颜色和透明度单独传递给分层着色器。不考虑透明度设置,透明度作为单独通道传递。然后,合成颜色和透明度。
- Render Pass Mode(渲染过程模式)将该属性与多重渲染过程工作流结合使用。
- Pass through(穿过) 着色器不影响渲染过程。
- Apply to Render Passes(应用于渲染过程) 对材质渲染过程和主美景过程执行相同操作。
- No Contribution(没有任何贡献) 着色器对渲染过程没有贡献,还取消上游着色器所做的贡献。
- Write Shader Result to Beauty Passes(将着色器结果写入美景过程) 针对主美景过程计算的颜色传播到所有其他美景的过程。

以上属性如图 2-43 所示。

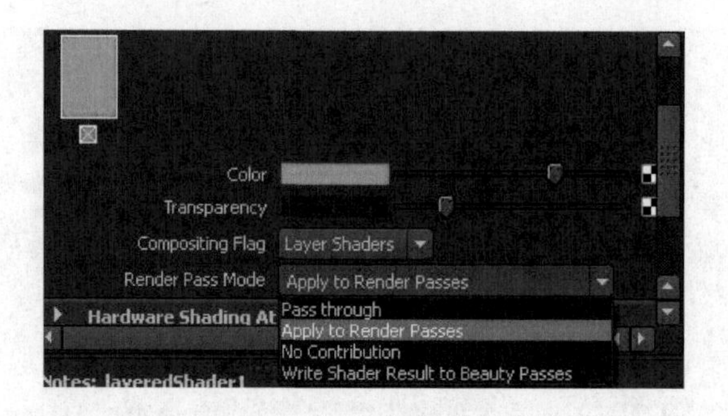

图 2-43　属性

任务实施

(1) 打开文件，执行 File(文件)→Open(项目)命令，打开光盘文件“h-Project\scenes\taoguan.mb”。

(2) 单击 Window(窗口)→Rendering Editors(渲染编辑器)→Hypershade(材质编辑器)打开材质编辑器，创建一个 Lambert 材质球，将它赋予模型 taoguan(陶罐)。

(3) 调整 Lambert 的颜色：H(34)，S(0.400)，V(1.000)，如图 2-44 所示。

图 2-44　陶土的颜色

(4) 让陶土更有质感，给予一个凹凸纹理，打开 Bump Mapping(凹凸贴图)右侧按钮，创建一 3D 纹理 Solid Fractal(立体分形)，如图 2-45 所示。

(5) 调整 3d Bump Attributes(3d 凹凸编辑)更改 Bump Depth 数值为 0.250，如图 2-46 所示。

(6) 按住鼠标中键将 Solid Fractal1 节点拖到 Lambert2 的 Diffuse(弥漫性)属性上，如图 2-47 所示。

(7) 打开 Solid Fractal1 节点，打开属性编辑器，设置 Threshold(阀值)为 0.400，设置 Frequency Ratio(频率比)为 10.000，减淡柔和污渍的颜色，如图 2-48 所示。渲染效果如图 2-49 所示。

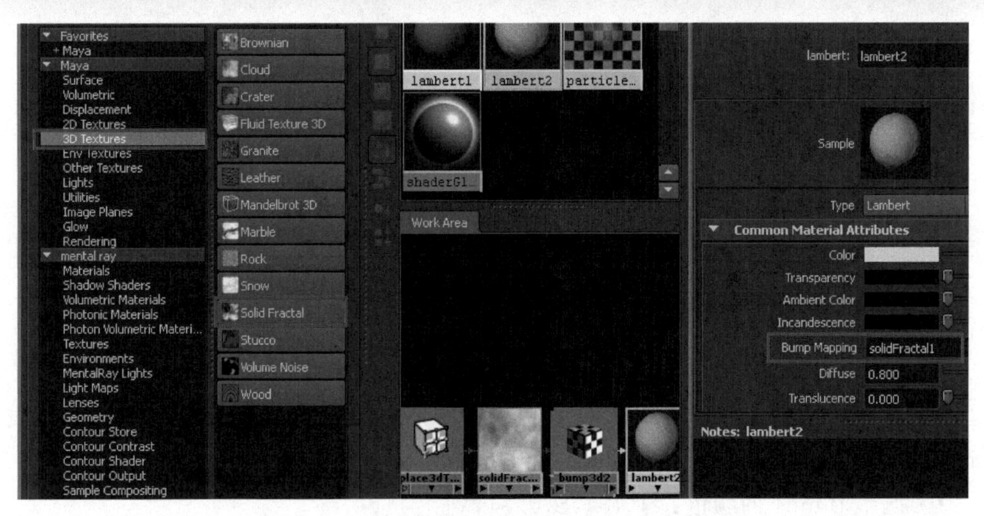

图 2-45　连接凹凸贴图

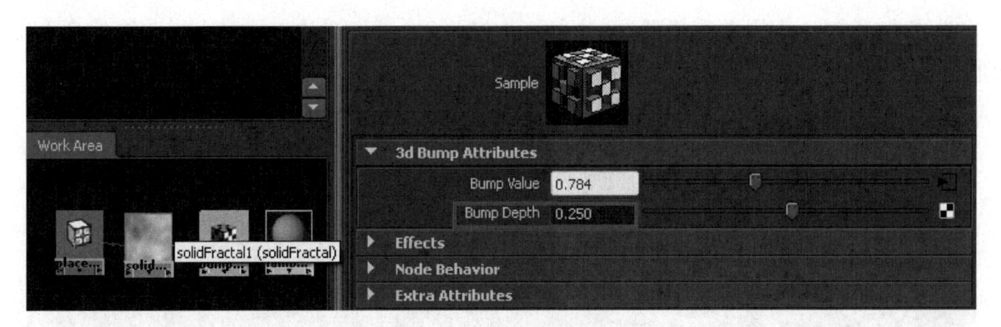

图 2-46　改变凹凸程度

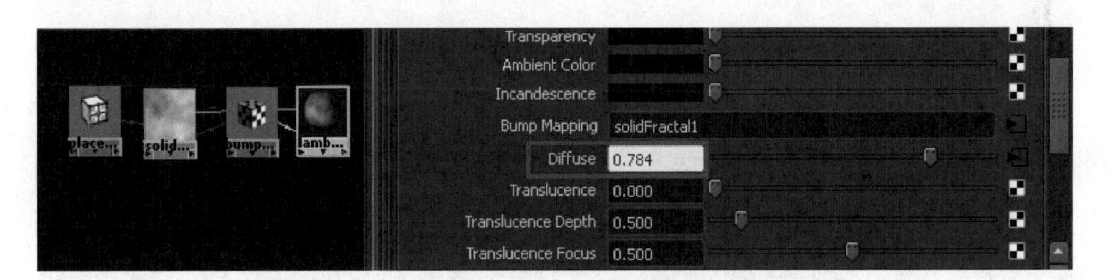

图 2-47　连接弥漫性属性

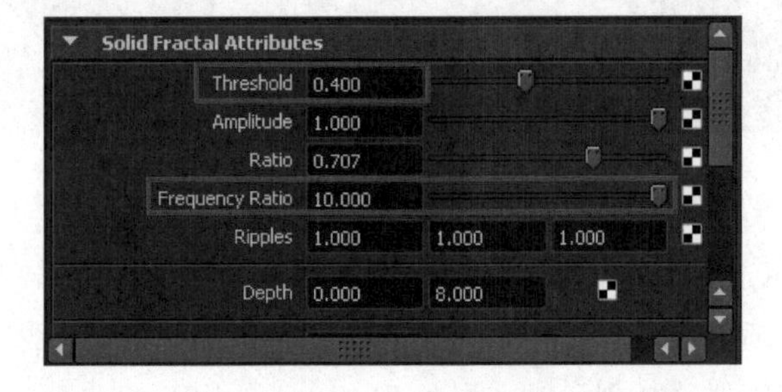

图 2-48　改变阀值

图 2-49 陶土渲染效果

(8) 制作釉的材质,釉的质感比陶土更有光泽,用 Blinn 材质,创建一个 Blinn 材质球 Blinn1,将它赋予陶罐模型。

(9) 调整 Blinn1 的颜色: H(18),S(0.8),V(0.4)。

(10) 按住 Shift 键,同时选中 Lambert2 和 Blinn1,单击 同时展开输出输入节点。

(11) 打开 blinn1 属性编辑器,按住鼠标中键将 Lambert2 的 bump3d 节点拖放到 blinn1 的 Bump Mapping 上,同样再将 Solid Fractal1 节点拖到 Diffuse 属性上,如图 2-50 所示。

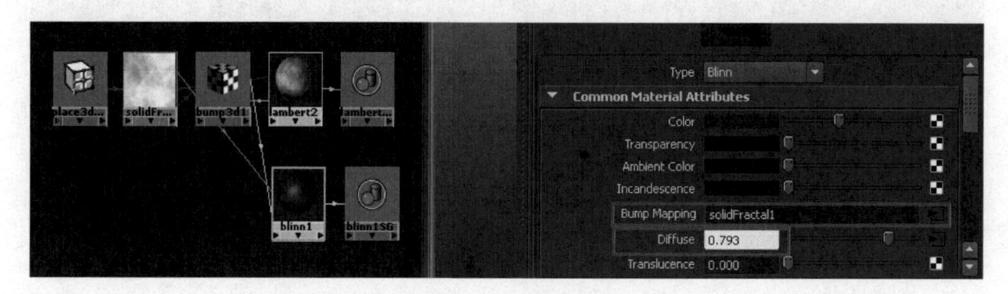

图 2-50 连接属性

(12) 在 blinn1 的属性编辑器中设置,Eccentricity(偏心)为 0.250,Specular Roll Off (镜面滚动)为 0.800,这样是釉的高光看起来更自然,如图 2-51 所示。

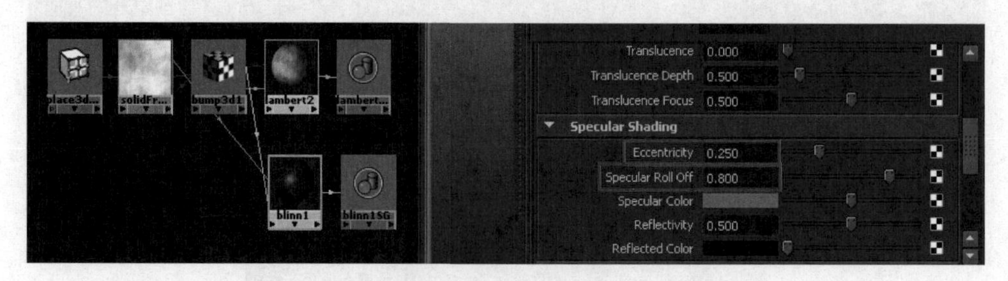

图 2-51 改变参数

(13) 将材质拖曳到陶罐上,快速渲染一下釉色的效果,如图 2-52 所示。

(14) 使用层材质,将以上两个材质的效果叠加在一起,形成一种新的效果。在 Hypershade(材质编辑器)中,创建一个层材质: Layered Shader(分层着色器),如图 2-53 所示。

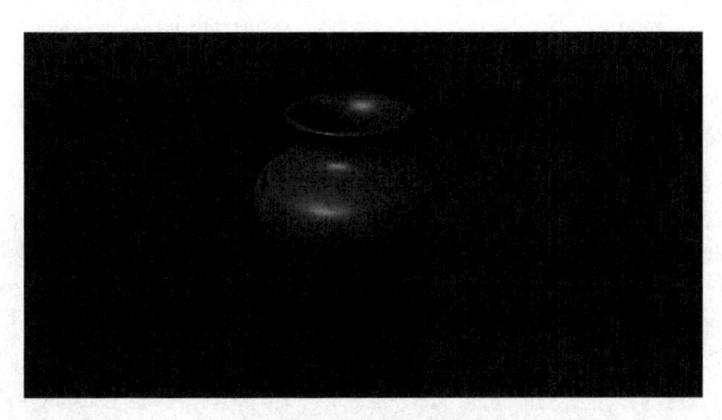

图 2-52　渲染釉色效果

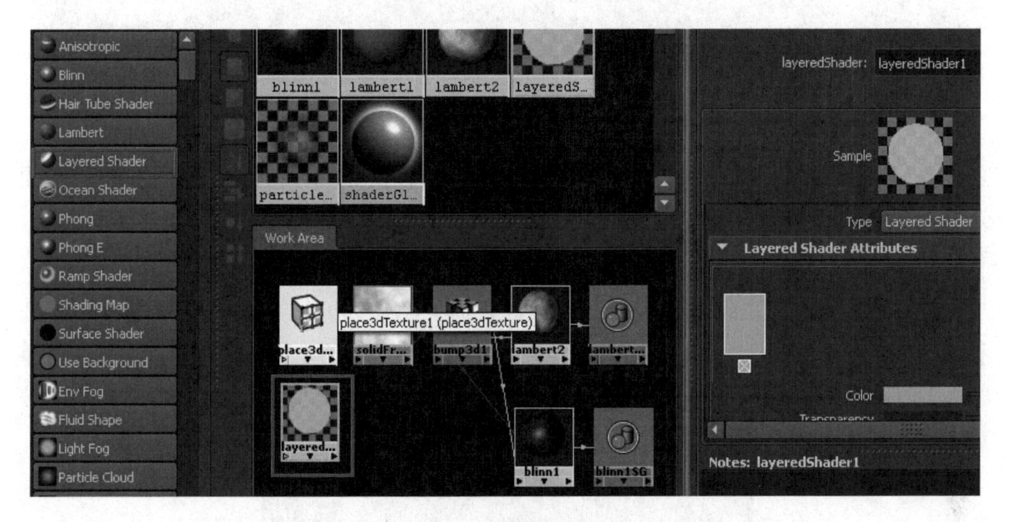

图 2-53　建立层纹理

（15）双击 layeredShader1，打开它的属性编辑器，用鼠标中键先将 blinn1 拖动到 layeredShader1 的属性编辑器的层排列区域，再将 lambert2 拖动到 layeredShader1 的属性编辑器的层排列区域，并关闭最左边的空层如图 2-54 所示。

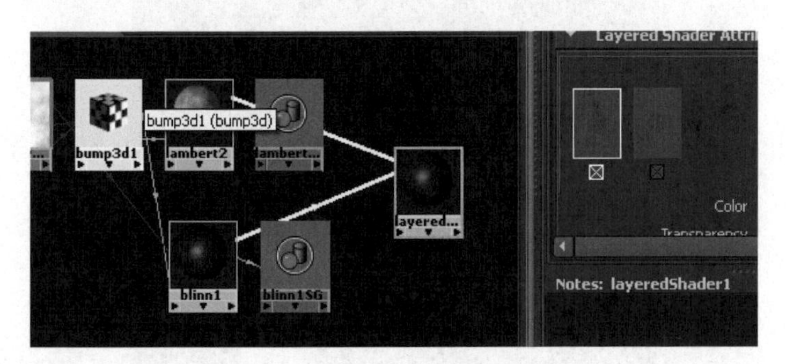

图 2-54　层纹理排列

（16）将 layeredShader1 赋予陶罐。

（17）在 2D Textures（二维纹理）→Ramp（渐变材质）创建一个渐变材质：Ramp1，用鼠标中键将 Ramp1 拖到 blinn1 的 Transparency(透明度)属性上,如图 2-55 所示。

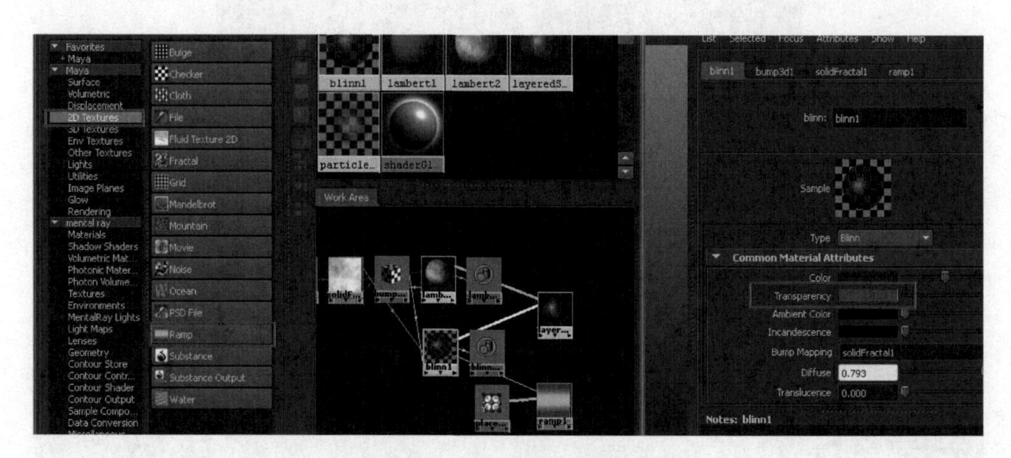

图 2-55　渐变材质改变透明度

(18) 在 Ramp Attributes(渐变材质属性)下将 Type 调整为 U Ramp,同时调整颜色变为上白下黑。

(19) 设定釉子的变化,在 Ramp1 的属性编辑器中,设置 Selected Position(选定位置)为 0.050,Noise(噪波)为 0.100,Noise Freq(噪波评估)为 1.000,U Wave 为 0.200,如图 2-56 所示。

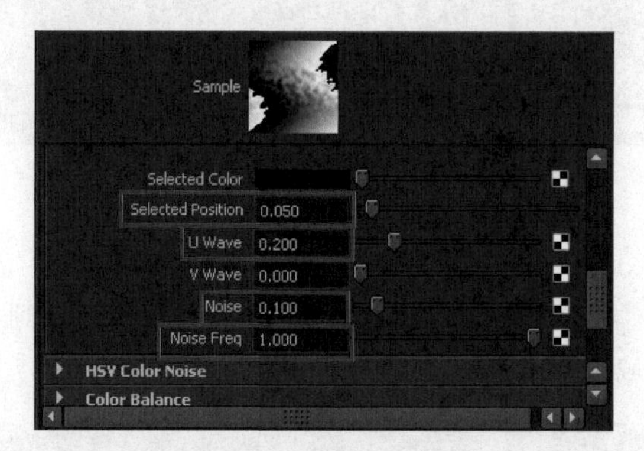

图 2-56　改变 ramp1 属性

(20) 将 Interpolation(过渡)改为 Smooth,使釉的图案看上去更自然,如图 2-57 所示。

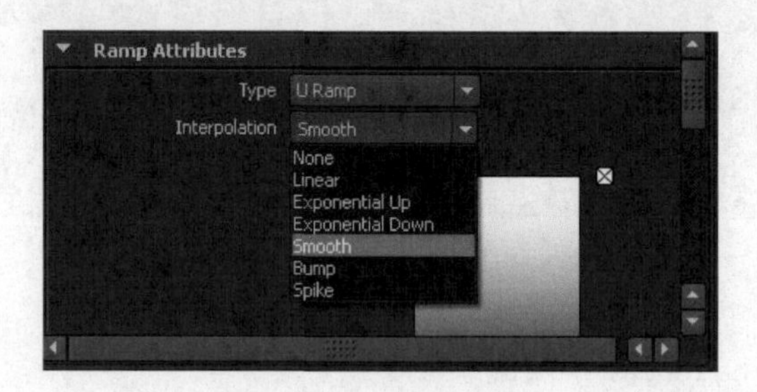

图 2-57　改变过渡类型

(21) 为了模仿釉的厚度，给釉的材质添加一个凹凸贴图：打开 blinn1 的属性编辑器，按住鼠标中键将 ramp1 节点拖到 blinn1 的 Bump mapping 属性上，产生一个 bump2d1。

(22) 打开 bump2d1 的 2d Bump Attributes，将 Bump Depth 设置为－0.500，如图 2-58 所示。

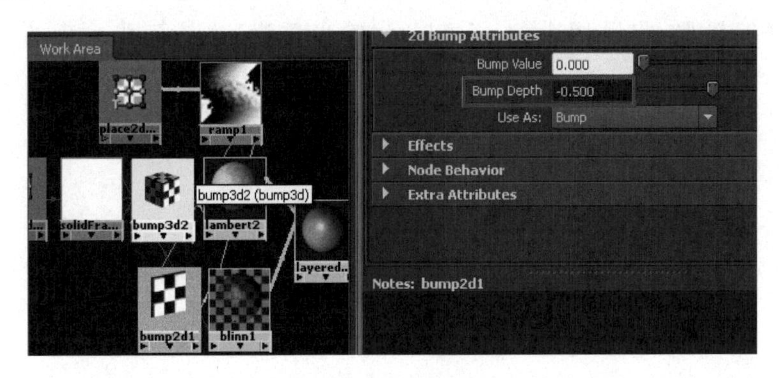

图 2-58　釉厚度

(23) 渲染场景，效果如图 2-59 所示。

图 2-59　渲染效果

任务六　层纹理——制作花瓶贴图

任务分析

1. **复习**

- 2D Textures(二维纹理)。
- 3D Textures(三维纹理)。
- Common Material Attributes(通用材质属性)。
- Raytrace Optacity(光线追踪)。

2. **工具分析**

- 创建 File(文件)节点。
- 单击鼠标中键连接材质球。

- Bump Depth(凹凸深度)属性。
- 创建层纹理 Layered Texture(分层纹理)。
- 合并通道。
- 调整 Color Balance(色彩平衡)→Color Offset(色彩增益)。
- 关联编辑器,将贴图中的 outAlpha(输出透明)连接到层纹理的 inputs[5].colorR、inputs[5].colorG、inputs[5].colorB 通道中。

3. 使用 Adobe Photoshop 制作贴图

略。

制作分析

利用层纹理,模仿一个有彩色花朵并有粗糙纹理的花瓶。

新知解析

尽管使用 Layered Texture(分层纹理)节点的工作流程类似于 Layered Shader(分层着色器),但 Layered Texture(分层纹理)节点可以设定许多混合模式,因此更多的使用者选择 Layered Texture(分层纹理),本任务将主要介绍这部分内容。

(1) 使用层纹理,在 Hypershade(材质编辑器)下打开 Layered Texture(分层纹理),如图 2-60 所示。

(2) 在 Layered Texture(分层纹理)的 Attribute Editor(属性编辑器)中,选择要编辑的层。在选择层时,Maya 会更新颜色、Alpha、混合模式和层可见属性,以反映选定层的属性,如图 2-61 所示。

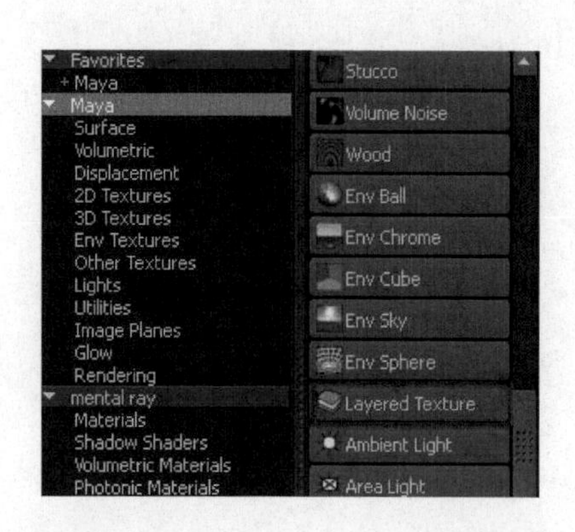

图 2-60 打开 Layered Texture(分层纹理)

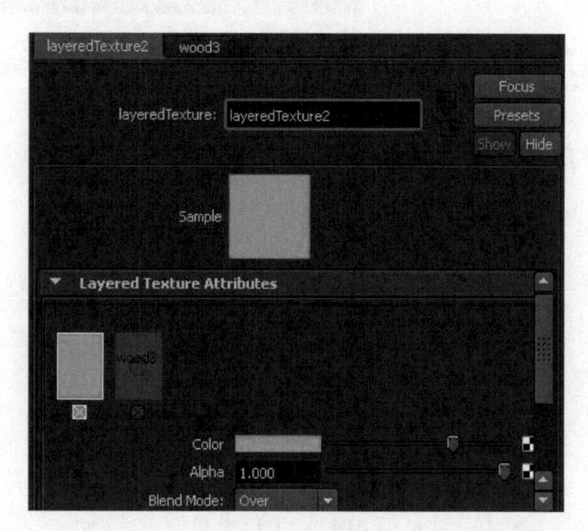

图 2-61 层面板

若要重新排列 Layered Texture(分层纹理)的 Attribute Editor(属性编辑器)中的层,请使用鼠标中键拖动纹理样例。

若要更改层的纹理属性，请单击 Attribute Editor（属性编辑器）顶部的选项卡以查看或更改该纹理的属性。层纹理属性如下。

层纹理混合模式（Blend modes）

无（None）：编辑或绘制每个像素以使其成为结果颜色。该设置为默认设置（处理位映射或索引颜色图像时，法线模式称为 Threshold（阈值））。

覆盖（Over）：会将顶部层像贴花一样应用到下面的层。贴花的形状是由顶部 Alpha 确定的。

内部（In）：在前景 Alpha 的形状中，会剪切背景纹理。

输出（Out）：结果与 In（内部）相反。这就好像是已将前景层的形状从背景 Alpha 中裁切掉一样。

相加（Add）：结果颜色是将前景色添加到背景色的结果，就好像通过幻灯机投影到背景上一样。接着会使用前景 Alpha 在背景色上应用结果颜色，以定义结果的不透明度。

相减（Subtract）：结果颜色是从背景色减去前景色。接着会使用前景 Alpha 在背景色上应用结果颜色，以定义结果的不透明度。

相乘（Multiply）：查看每个层中的颜色信息，并将底色乘以混合颜色。结果颜色始终是较暗的颜色。任何颜色与黑色相乘会产生黑色。任何颜色与白色相乘会保留该颜色不变。

差集（Difference）：查看每个层中的颜色信息，然后从底色减去混合颜色或从混合颜色减去底色，具体取决于哪种颜色具有最大的亮度值。与白色混合会反转底色值，与黑色混合不会产生任何改变。

变亮（Lighten）：查看每个层中的颜色信息，然后选择底色或混合颜色中较浅的颜色作为结果颜色。会替换比混合颜色暗的像素，比混合颜色亮的像素不会改变。

变暗（Darken）：查看每个层中的颜色信息，然后选择底色或混合颜色中较暗的颜色作为结果颜色。会替换比混合颜色亮的像素，比混合颜色暗的像素不会改变。

饱和度（Saturate）：使用底色的亮度和色调以及混合颜色的饱和度创建结果颜色。

降低饱和度（De-saturate）：结果颜色是饱和度降低的背景色，降低的程度与由前景 Alpha 调整的前景色成比例。例如，如果前景色为红色，则产生的颜色为包含不饱和红色的背景色。

照明（Illuminate）：使用底色的色调和饱和度以及混合颜色的亮度创建结果颜色。该模式会创建与 Color（颜色）模式相反的效果。

任务实施

1. 用 Photoshop 制作贴图素材

（1）在 Photoshop 中打开光盘文件“h-Project\sourceimges\1.jpg”。

（2）选择“图像”→“模式”→“灰度”扔掉颜色信息，将文件另存为 1-3.jpg。

（3）在“图像”→“调整”→“亮度对比度”中调整亮度为 100，对比度为 50，将文件另存为1-2.jpg。

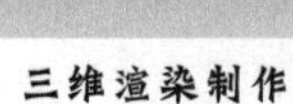

(4) 在 Photoshop 中打开光盘文件"h-Project\sourceimges\2. jpg"。

(5) 创建 Alpha 通道,如图 2-62 所示。

图 2-62 创建 Alpha 通道

(6) 文件另存为 tiff 格式,2. tiff,该格式将保留创建的 Alpha 通道。

(7) 退回到打开文件状态,选择"图像"→"模式"→"灰度"扔掉颜色信息,并创建 Alpha 通道,文件另存为 2-2. tiff。

(8) 退回到选择"图像"→"模式"→"灰度"扔掉颜色信息状态,调整并创建 Alpha 通道,对比度中调整亮度为 25,对比度 25,将文件另存为 2-3. jpg。

将使用这两套贴图进行练习。

2. 在 Maya 中制作第一套贴图

(1) 打开文件,执行 File(文件)→Open(项目)命令,打开光盘文件"h-Project\scenes\taoguan. mb"。选择 Window(窗口)→Rendering Editors(渲染编辑器)→Hypershade(材质编辑器)打开材质编辑器窗口,创建 3 个 File(文件)节点,如图 2-63 所示。

(2) 连接文件节点,分别将文件 2. tiff、2-2. tiff、2-3. tiff 依次进行节点连接,如图 2-64 所示。

(3) 创建一个 Blinn 材质球,按住鼠标中键将指定好的文件节点连接到材质球相对应的通道中,其中包括:Color(颜色)、Bump Mapping(凹凸)、Specular Roll Off(高光强度)、Specular Color(高光颜色)属性通道,连接次序如图 2-65 所示。

(4) 渲染连接效果,如图 2-66 所示。

(5) 纹理太大,调整 Repeat UV(纹理重复)设置为 2. 000,如图 2-67 所示。

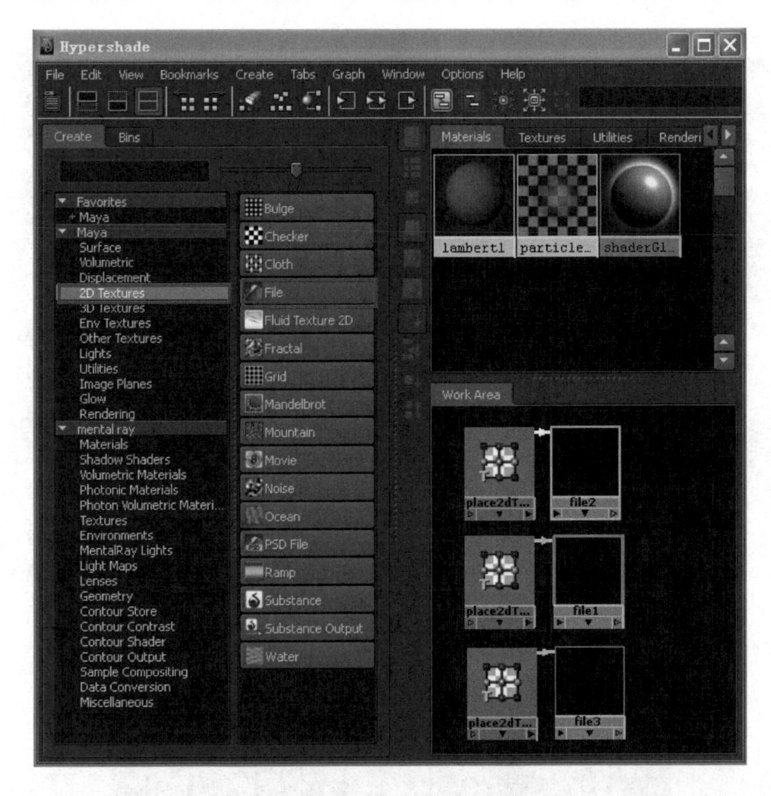

图 2-63　创建 3 个文件节点

图 2-64　套图节点

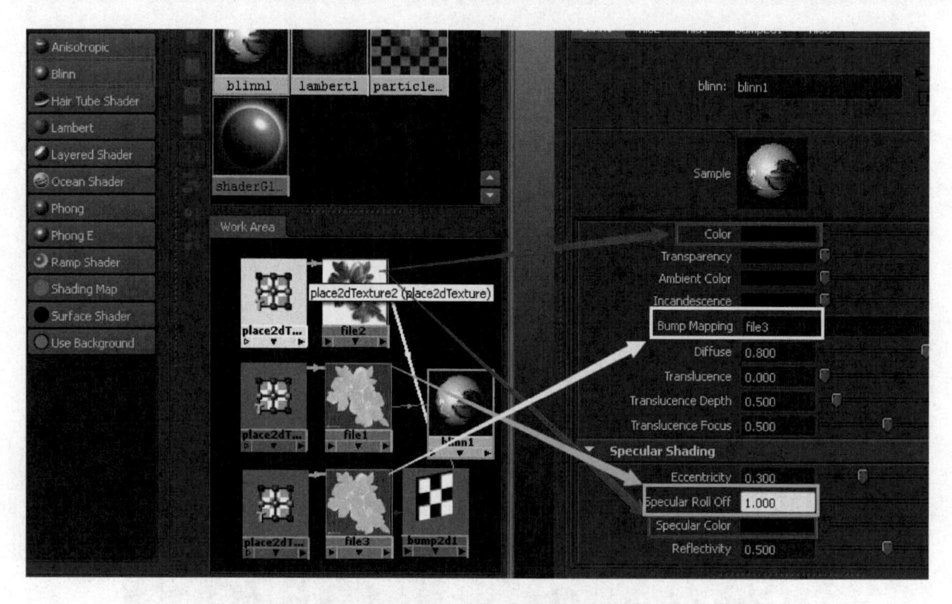

图 2-65　连接材质球

图 2-66　渲染连接效果

3. 用 Maya 制作第二套贴图

(1) 将连接好的节点打断。

(2) 制作第二套纹理，再次创建 3 个文件节点，分别将素材文件中的 1.jpg、1-2.jpg、1-3.jpg 的套图进行节点连接。

(3) 连接材质球，按住鼠标中键将指定好的文件节点连接到材质球相对应的通道中，其中包括：Color(颜色)、Bump Mapping(凹凸)、Specular Roll Off(高光强度)、Specular Color(高光颜色)属性通道，连接次序如图 2-68 所示，并渲染连接效果。

(4) 设置图案重复次数，分别打开 3 个文件节点的二维纹理坐标系，其将 Repeat UV(重复次数)改为 3，渲染效果如图 2-69 所示。

4. 合并纹理

材质球只能连接一套纹理所以需要使用层纹理来进行合并。

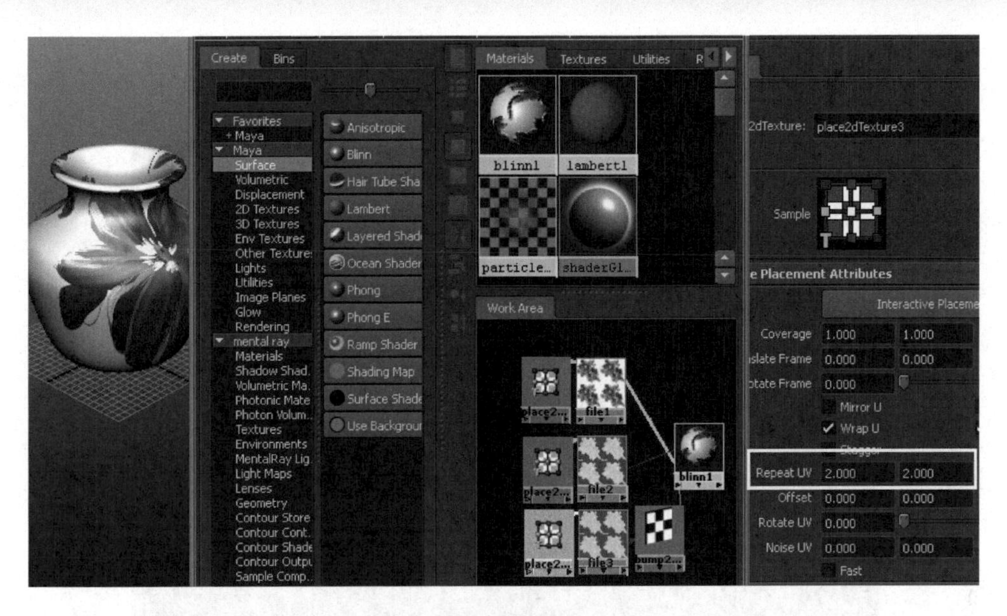

图 2-67　调整重复度

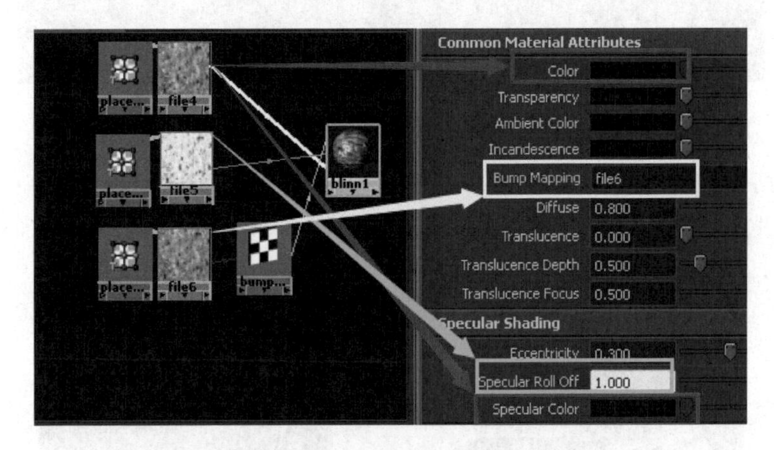

图 2-68　连接第二套材质球

图 2-69　渲染第二套

(1) 将连接好的节点打断。

(2) 创建层纹理,创建 3 个等待节点连接的层纹理,如图 2-70 所示。

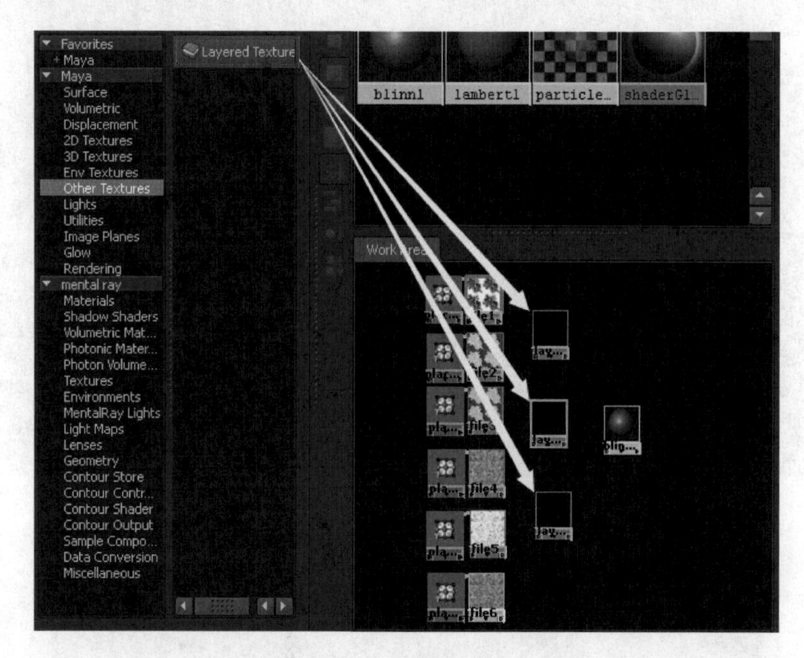

图 2-70　创建层纹理

(3) 将两套纹理按色彩、亮度、凹凸形式分组排列,如图 2-71 所示。

(4) 合并颜色通道,双击打开层纹理属性编辑器,鼠标中键将两张颜色通道贴图拖曳到层纹理中,注意有 Alpha 通道的套图在前,次序一定要对,如图 2-72 所示。

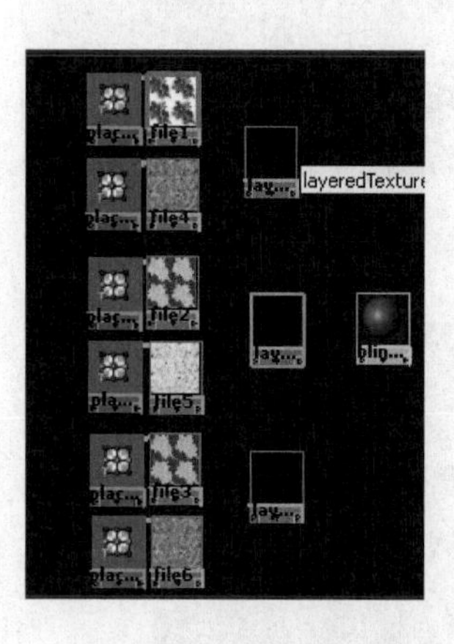

图 2-71　分组排列

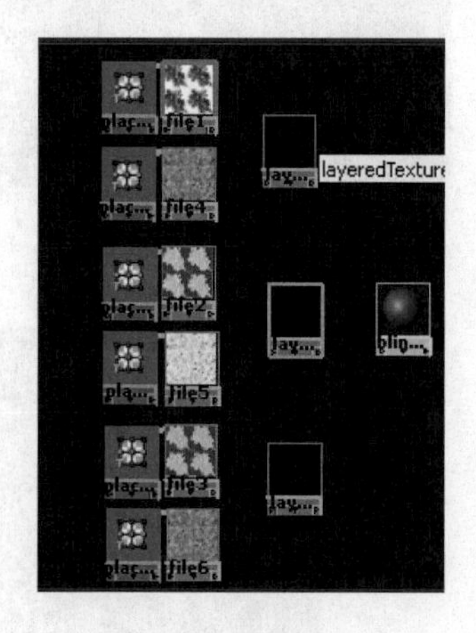

图 2-72　层纹理次序

(5) 并将材质球连接到 Color(颜色)、Specular Color(高光颜色)属性通道,并渲染。

(6) 合并高光、反射通道,先将 File2 与层纹理连接上,再将 Layered2 连接 File5 并单击鼠标中键,在弹出的快捷菜单中选择 Other(其他)选项,如图 2-73 所示。

(7) 打开关联编辑器,在关联编辑器窗口中,将贴图中的 outAlpha(输出透明)连接到

层纹理的 inputs[5]. colorR、inputs[5]. colorG、inputs[5]. colorB 通道中，这样就可以给层纹理输出灰度色彩信息，连接好层纹理，如图 2-74 所示。

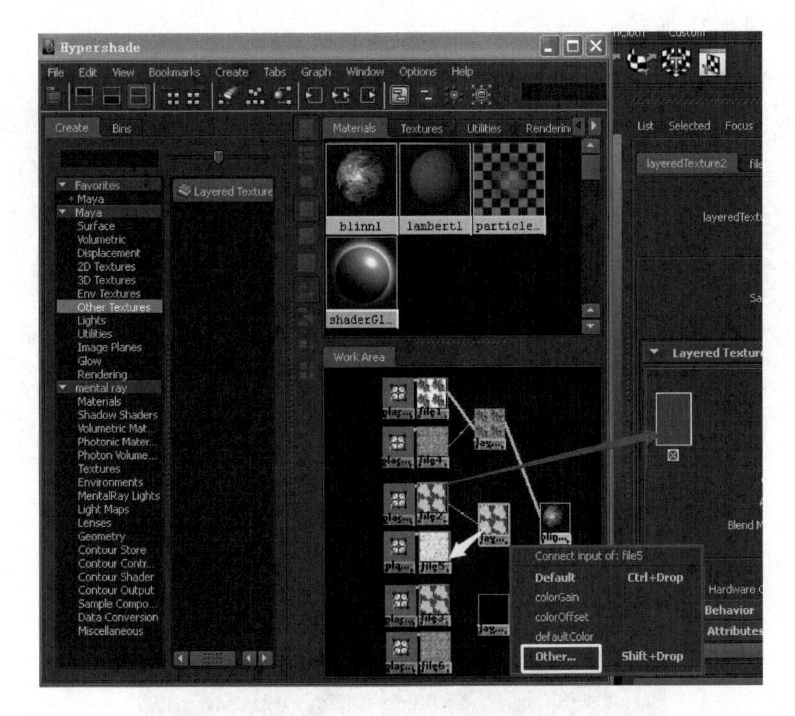

图 2-73 合并高光、反射通道

图 2-74 关联编辑器

(8) 连接材质球,将新连接好的层纹理连接到 Specular Roll Off(高光扩散)、Reflectivity(反射率)属性通道,使有花纹的位置没有高光反射,没有花纹的地方仍然保留金属高光,如图 2-75 所示。

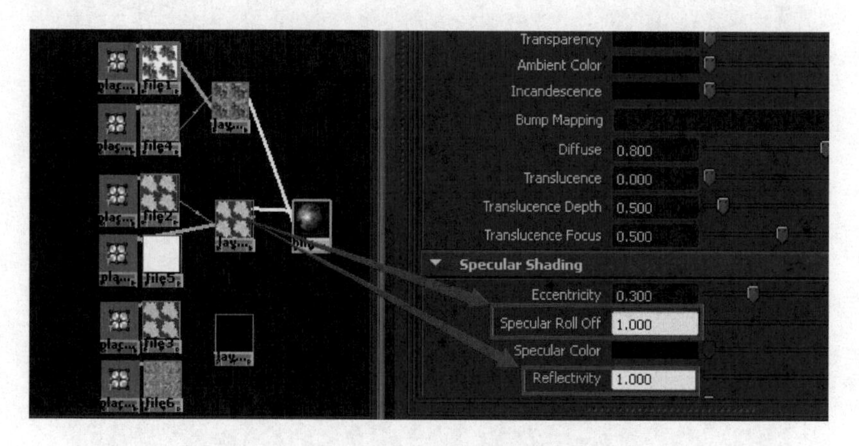

图 2-75　连接高光扩散和反射率

(9) 合并凹凸通道,将凹凸纹理拖曳到层纹理,并将凹凸强度调整为 0.1,查看最终效果,如图 2-76 所示。

图 2-76　渲染效果

任务七　展 UV——制作盾牌材质

任务分析

1. 复习

- 2D Textures(二维纹理)。
- Hypershade(材质编辑器)材质编辑器窗口。

2. 工具分析

- Create UVs(创建 UV)→Planar Mapping(平面投射)。
- Window(窗口)→UV Texture Editor(UV 编辑器)打开 UV 编辑器窗口。
- Polygons(多边形)→UV Snapshot(UV 快照)。
- 创建 File(文件)节点。
- 单击鼠标中键连接材质球。
- Bump Depth(凹凸深度)属性。

3. 使用 Photoshop 制作贴图

略。

新知解析

1. 创建 UV

- Planar Mapping(平面投射)。
- Cylindrical Mapping(圆柱投射)。
- Spherical Mapping(球形投射)。
- Automatic Mapping(自动投射)。
- Create UVs Based On Camera(基于摄影机投射),如图 2-77 所示。

2. 打开 UV 编辑器

Window(窗口)→UV Texture Editor(UV 编辑器)打开 UV 编辑器窗口,如图 2-78 所示。

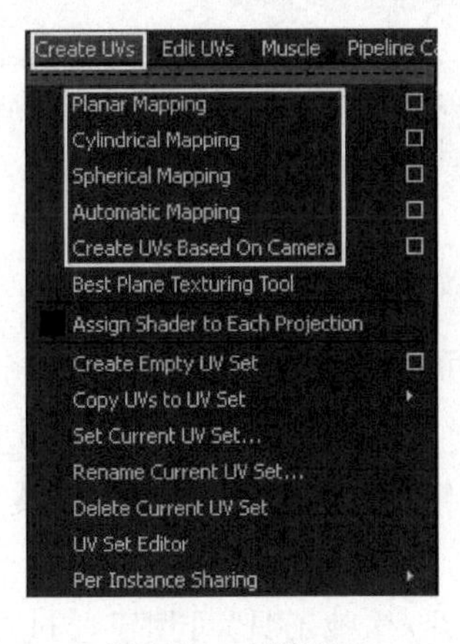

图 2-77　创建 UV

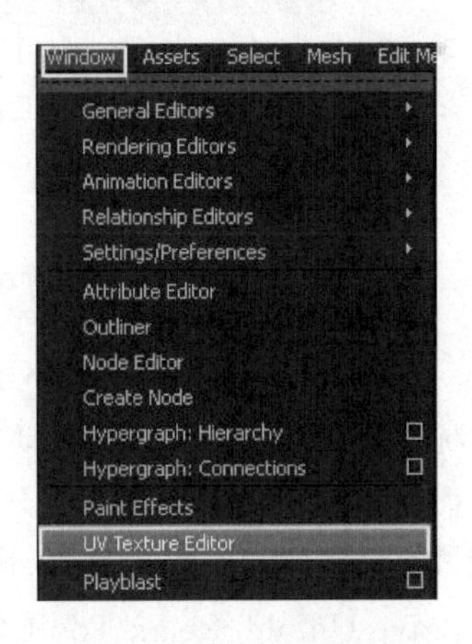

图 2-78　打开 UV 编辑器

3. UV 编辑器窗口

UV 编辑器窗口如图 2-79 和图 2-80 所示,具体工具含义如下。

(1) UV 工具。

- UV Lattice Tool(UV 晶格工具)通过允许出于变形目的围绕 UV 创建晶格,将 UV 的布局作为组进行操纵。UV Texture Editor(UV 纹理编辑器)菜单中的 Tool(工具)→UV Lattice Tool(UV 晶格工具)的快捷方式。

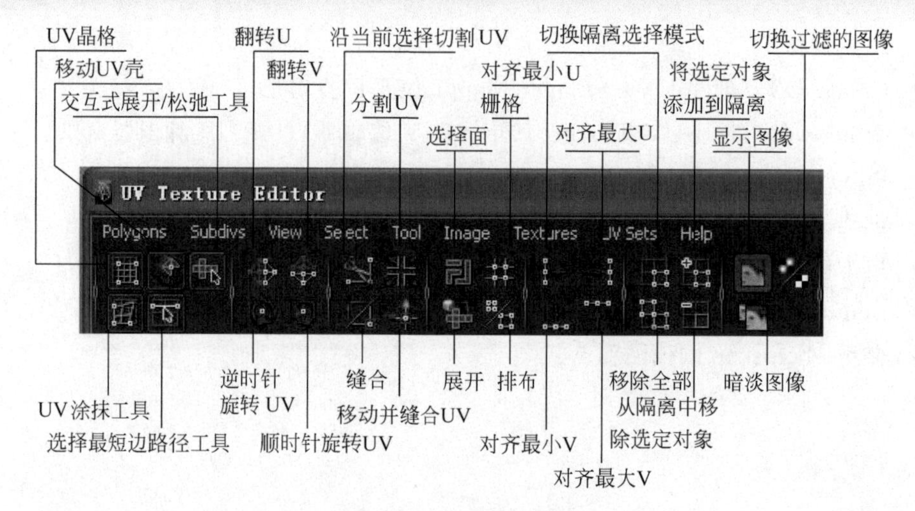

图 2-79 UV 编辑器窗口 1

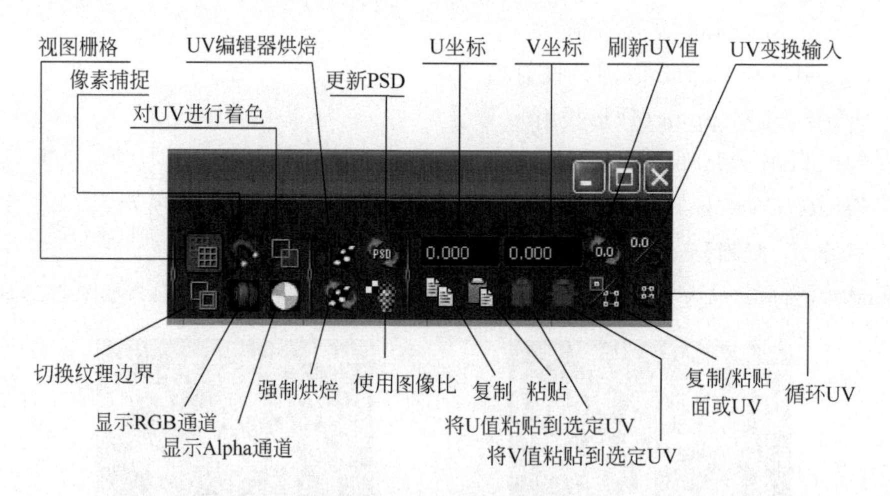

图 2-80 UV 编辑器窗口 2

- Move UV Shell Tool(移动 UV 壳工具)可用于通过在壳上选择单个 UV 来选择和重新定位 UV 壳。可以自动防止已重新定位的 UV 壳在 2D 视图中与其他 UV 壳重叠。UV Texture Editor(UV 纹理编辑器)菜单中的 Tool(工具)→Move UV Shell Tool(移动 UV 壳工具)的快捷方式。
- Interactive Unfold/Relax Tool(交互式展开/松弛工具)可用于通过在屏幕上拖动鼠标来控制应用于一组选定 UV 的展开或松弛的量。
- UV Smudge Tool(UV 涂抹工具)将选定 UV 及其相邻 UV 的位置移动到用户定义的一个缩小的范围。UV Texture Editor(UV 纹理编辑器)菜单中的 Tool(工具)→UV Smudge Tool(UV 涂抹工具)的快捷方式。
- Select Shortest Edge Path Tool(选择最短边路径工具)可用于在曲面网格上的两个顶点之间选择边的路径。Select Shortest Edge Path Tool(选择最短边路径工具)可确定任意两个选择点之间的最直接的路径,并可选择两者之间的多边形边。

(2) UV 方向按钮。

- Flip U(翻转 U)在 U 方向上翻转选定 UV 的位置。Edit UVs(编辑 UV)→Flip(翻转)的快捷方式。
- Flip V(翻转 V)在 V 方向上翻转选定 UV 的位置。Edit UVs(编辑 UV)→Flip(翻转)的快捷方式。
- Rotate UVs counterclockwise(逆时针旋转 UV)以逆时针方向按 45 度旋转选定 UV 的位置。Edit UVs(编辑 UV)→Rotate(旋转)的快捷方式。
- Rotate UVs clockwise(顺时针旋转 UV)以顺时针方向按 45 度旋转选定 UV 的位置。Edit UVs(编辑 UV)→Rotate(旋转)的快捷方式。

(3) 用于切割和缝合 UV 的按钮:使用这些项目可以切割和缝合 UV 壳。

- Cut UVs along selection(沿当前选择切割 UV)沿选定边分离 UV,从而创建边界。Edit UVs(编辑 UV)→Cut UV Edges(切割 UV 边)的快捷方式。
- Split UVs(分割 UV)沿连接到选定 UV 点的边将 UV 彼此分离,从而创建边界。Edit UVs(编辑 UV)→Split UVs(分割 UV)的快捷方式。
- Sew UVs(缝合 UV)沿选定边界附加 UV,但不在纹理编辑器视图中一起移动它们。Edit UVs(编辑 UV)→Sew UV Edges(缝合 UV 边)的快捷方式。
- Move and Sew UVs(移动并缝合 UV)沿选定边界附加 UV,并在纹理编辑器视图中一起移动它们。Edit UVs(编辑 UV)→Move and Sew UV Edges(移动并缝合 UV 边)的快捷方式。

(4) UV 布局按钮。

- Layout(排布)根据 Layout UV 选项框中的设置,尝试将 UV 排列到一个更干净的布局中。Edit UVs(编辑 UV)→Layout(排布)的快捷方式。
- Grid UVs(栅格 UV)将每个选定 UV 移动到纹理空间中其最近的栅格交点处。Edit UVs(编辑 UV)→Grid(栅格)的快捷方式。若要更改栅格,请在工具栏上的 View Grid(视图栅格)按钮上右击。
- Unfold(展开)在尝试确保 UV 不重叠的同时,展开选定的 UV 网格。Edit UVs(编辑 UV)→Unfold(展开)的快捷方式。
- 选择面选择连接到当前选定的 UV 的所有 UV 面。

(5) UV 对齐按钮。

- Align Min U(对齐最小 U)将选定 UV 的位置对齐到最小 U 值。Edit UVs(编辑 UV)→Align(对齐)的快捷方式。
- Align Max U(对齐最大 U)将选定 UV 的位置对齐到最大 U 值。Edit UVs(编辑 UV)→Align(对齐)的快捷方式。
- Align Min V(对齐最小 V)将选定 UV 的位置对齐到最小 V 值。Edit UVs(编辑 UV)→Align(对齐)的快捷方式。
- Align Max V(对齐最大 V)将选定 UV 的位置对齐到最大 V 值。Edit UVs(编辑

UV)→Align(对齐)的快捷方式。

(6) 隔离选择按钮:使用这些项目可以处理 UV 面的子集,而隐藏其余部分。

- Toggle Isolate Select Mode(切换隔离选择模式)在显示所有 UV 与仅显示隔离的 UV 之间切换。View(视图)→Isolate Select(隔离选择)→View Set(查看集)的快捷方式。
- Add selected to isolation(将选定对象添加到隔离)将选定 UV 添加到隔离的子集。单击 Toggle isolation(切换隔离)按钮时,选定 UV 将可见。View(视图)→Isolate Select(隔离选择)→Add Selected(添加选定对象)的快捷方式。
- Remove selected from isolation(从隔离中移除选定对象)从隔离的子集中移除选定 UV。View(视图)→Isolate Select(隔离选择)→Remove Selected(移除选定对象)的快捷方式。
- Remove all(移除全部)清除隔离的子集。然后可以选择一个新的 UV 集并单击 Toggle isolation(切换隔离)以隔离它们。View(视图)→Isolate Select(隔离选择)→Remove All(移除全部)的快捷方式。

(7) 图像和纹理按钮:使用这些项目可以控制 UV Texture Editor(UV 纹理编辑器)中图像和纹理的显示。

- Display Image(显示图像)显示或隐藏纹理图像。Image(图像)→Display Image(显示图像)的快捷方式。

Toggle Filtered Image(切换过滤的图像)在硬件纹理过滤和明晰定义的像素之间切换背景图像。Image(图像)→Display Unfiltered(显示未过滤)的快捷方式。

- Dim Image(暗淡图像)减小当前显示的背景图像的亮度。Image(图像)→Dim Image(暗淡图像)的快捷方式。
- View Grid(视图栅格)显示或隐藏栅格。View(视图)→Grid(栅格)的快捷方式。
- Pixel Snap(像素捕捉)选择是否自动将 UV 捕捉到像素边界。Image(图像)→Pixel Snap(像素捕捉)的快捷方式。
- Shade UVs(对 UV 进行着色)以半透明的方式对选定 UV 壳进行着色,以便可以确定重叠的区域或 UV 缠绕顺序。
- Toggle Texture Borders(切换纹理边界)切换 UV 壳上纹理边界的显示。纹理边界显示有一条粗线。
- Display RGB Channels(显示 RGB 通道)显示选定纹理图像的 RGB(颜色)通道。Image(图像)→Display RGB Channels(显示 RGB 通道)的快捷方式。
- Display Alpha Channel(显示 Alpha 通道)显示选定纹理图像的 Alpha(透明度)通道。Image(图像)→Display Alpha Channels(显示 Alpha 通道)的快捷方式。

(8) UV 纹理按钮。

- UV Texture Editor Baking(UV 纹理编辑器烘焙)烘焙纹理,并将其存储在内存中。请参见 Image(图像)→Dim Image(暗淡图像)。Image(图像)→UV Texture

Editor Baking(UV 纹理编辑器烘焙)的快捷方式。

- Update PSD Networks(更新 PSD 网络)为场景刷新当前使用的 PSD 纹理。修改连接到 Maya PSD 节点(在 Maya 中)的 PSD 文件(在 Photoshop 中)时,可以在 Maya 中更新(刷新)图像以便立即显示修改。请参见 Image(图像)→Update PSD Networks(更新 PSD 网络)。
- Force editor texture rebake(强制重烘焙编辑器纹理)重烘焙纹理。如果启用 Image(图像)→UV Texture Editor Baking(UV 纹理编辑器烘焙),则必须在更改纹理(文件节点和 place2dTexture 节点属性)之后重烘焙纹理[使用 Force Editor Texture Rebake(强制重烘焙编辑器纹理)],才能看到这些更改的效果。
- Use Image Ratio(使用图像比)在显示方形纹理空间与显示与该图像具有相同的宽高比的纹理空间之间进行切换。Image(图像)→Use Image Ratio(使用图像比)的快捷方式。

(9) UV 编辑按钮。

- U coordinate(U 坐标)、V coordinate(V 坐标)显示选定 UV 的坐标。编辑文本框并按键来移动这些点。
- Refresh UV values(刷新 UV 值)移动选定的 UV 点时,工具栏上的文本框中的 UV 坐标不会自动更新。单击刷新按钮可更新文本框中的值。
- UV Transformation Entry(UV 变换输入)在绝对值与相对值之间更改 UV 坐标输入模式。还提供了 UV 旋转值的输入方式。
- Copy(复制)将选定的 UV 点或面(取决于 Copy/paste faces or UVs(复制/粘贴面或 UV)按钮)复制到剪贴板。
- Paste(粘贴)从剪贴板粘贴 UV 点或面(取决于 Copy/paste faces or UVs(复制/粘贴面或 UV)按钮)。
- Paste U to selected UVs(将 U 值粘贴到选定 UV)仅将剪贴板上的 U 值粘贴到选定 UV 点上。
- Paste V to selected UVs(将 V 值粘贴到选定 UV)仅将剪贴板上的 V 值粘贴到选定 UV 点上。
- Copy/paste faces or UVs(复制/粘贴面或 UV)在处理 UV 和 UV 面之间切换工具栏上的 Copy 和 Paste 按钮。
- Cycle UVs(循环 UV)旋转选定多边形的 U 值和 V 值。

任务实施

(1) 打开文件,执行 File(文件)→Open(项目)命令,打开"h-Project\scenes\Shield.mb"文件,选择 Window(窗口)→Rendering Editors(渲染编辑器)→Hypershade(材质编辑器)打开材质编辑器窗口。

(2) 制作暗金色和暗铜色材质球,创建两个 Blinn 材质球,调整 blinn1 如图 2-81 所示。

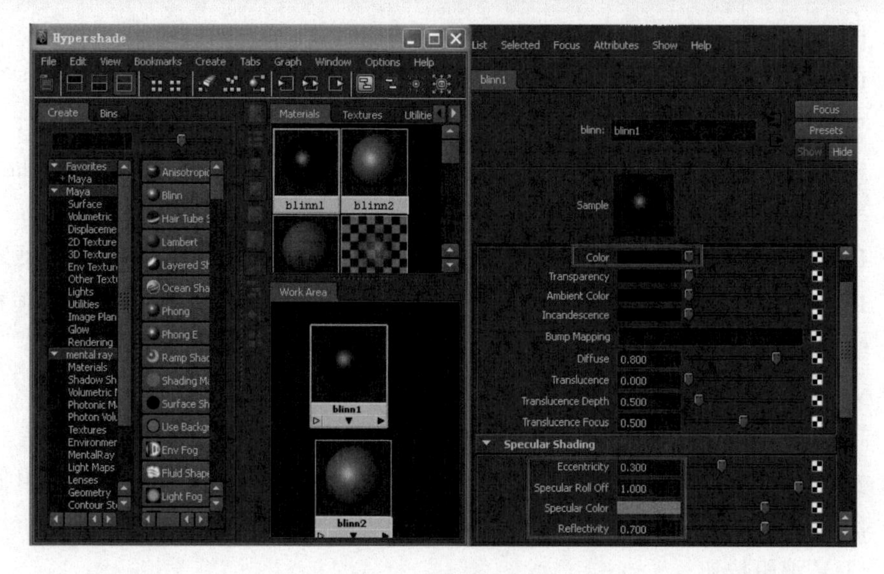

图 2-81　暗金色材质

(3) 调整 blinn2，如图 2-82 所示。

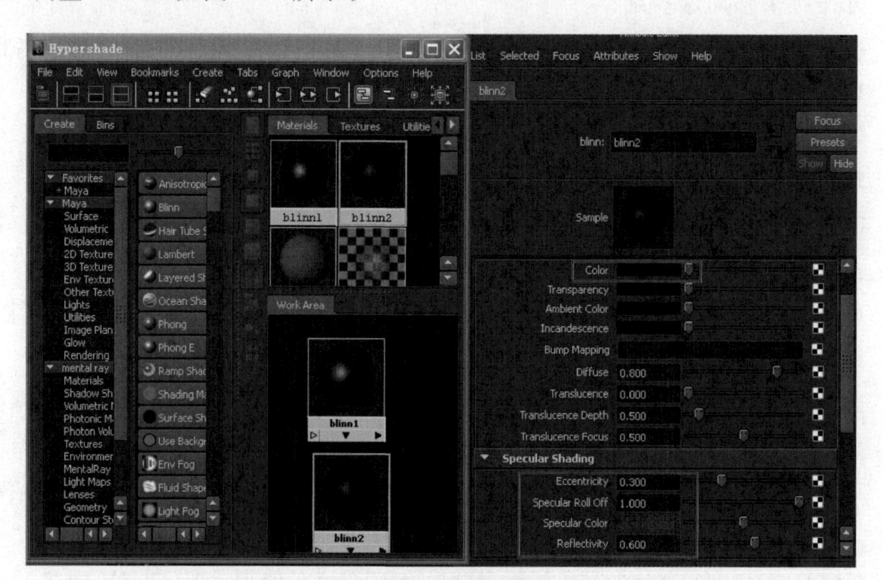

图 2-82　暗铜色材质

(4) 调整两个材质球的 Reflected Color(反射颜色)，如图 2-83 所示。

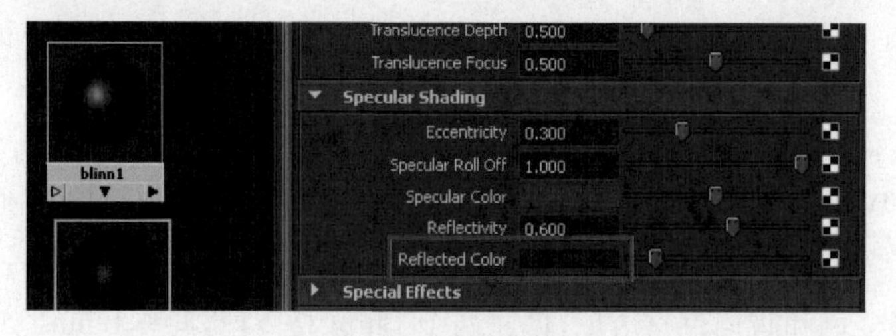

图 2-83　反射颜色

(5) 将 blinn1 赋予盾牌面，blinn2 赋予盾牌的其他位置。

(6) 创建 UV，切换至 Polygons(多边形)模块，将视图切换至前视图，执行 Create UVs(创建 UV)→Planar Mapping(平面投射)命令，如图 2-84 所示。

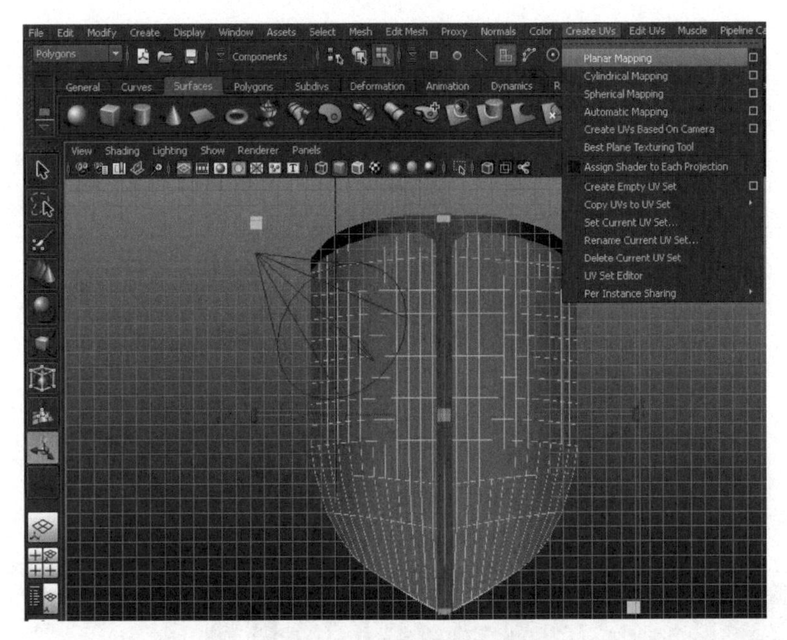

图 2-84　平面投射方式

(7) Window(窗口)→UV Texture Editor(UV 编辑器)，打开 UV 编辑器窗口，执行 Polygons(多边形)→UV Snapshot(UV 快照)命令，如图 2-85 所示。

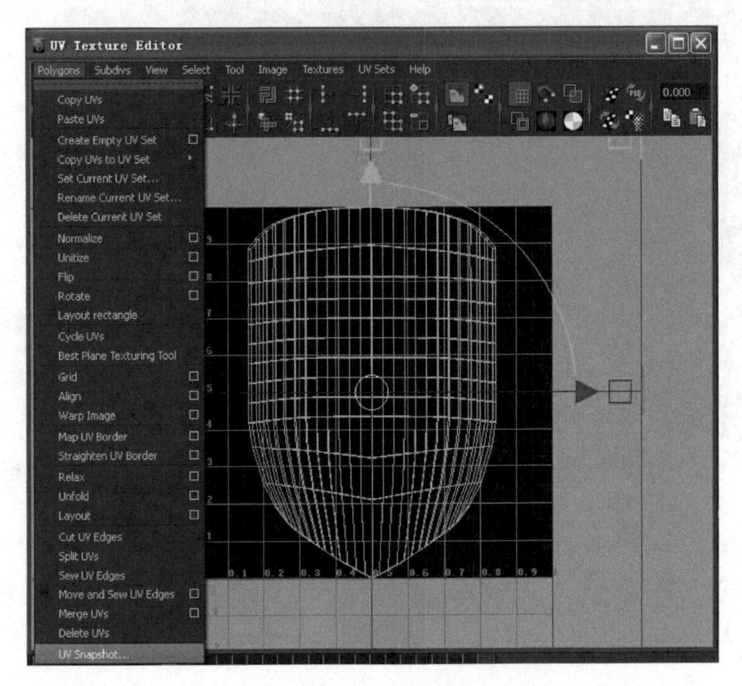

图 2-85　UV 快照

(8) 打开 UV 快照输出窗口,设置窗口中的 File name(文件名称)、Size X(图像尺寸)和 Image format(图像格式),如图 2-86 所示。

(9) 在 Photoshop 中打开 UV. tiff,创建新的图层,如图 2-87 所示。

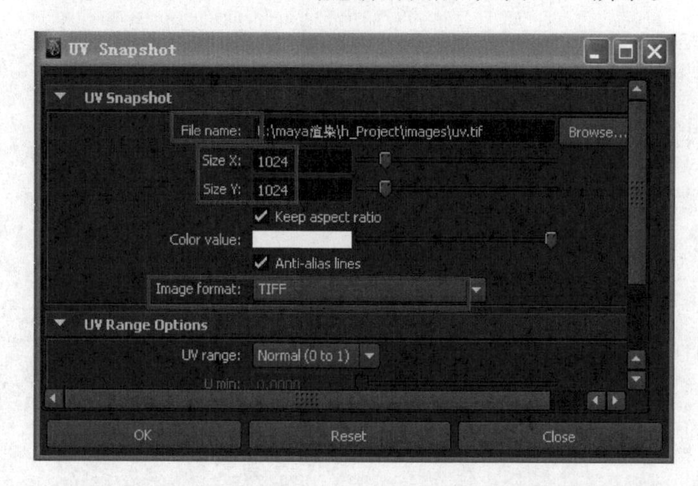

图 2-86 保存 UV 快照

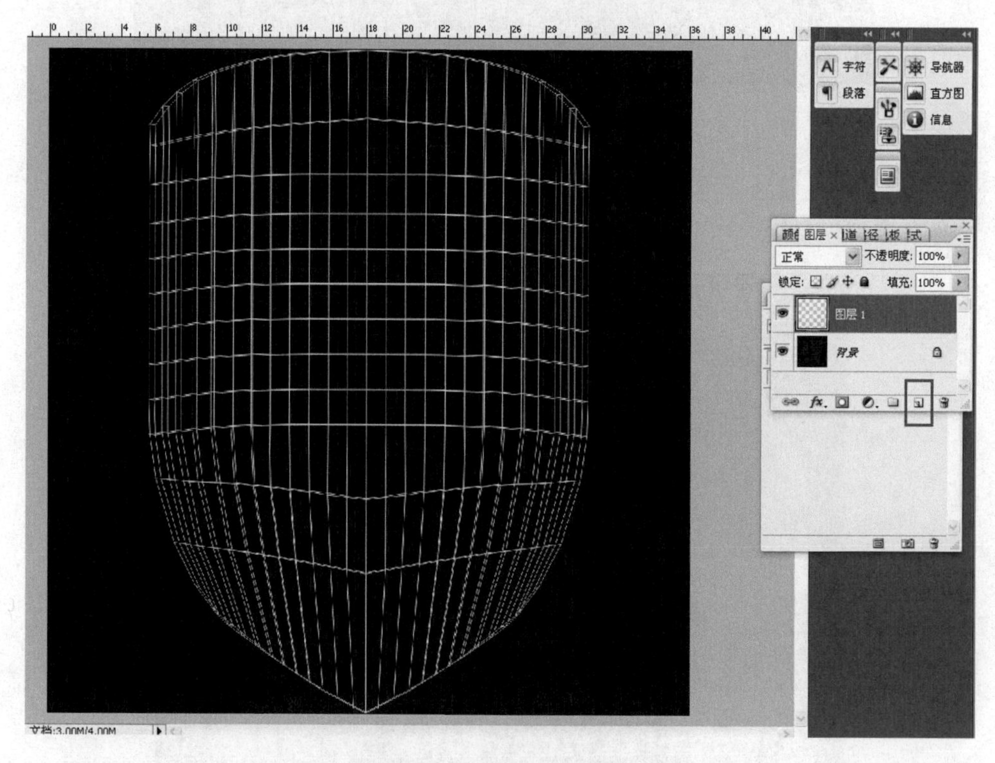

图 2-87 打开文件创建图层

(10) 打开“h-Project\sourceimages\UV 副本. jpg”文件,将凤凰贴图拖到 UV. tiff 上,调整合适大小,如图 2-88 所示。

(11) 关闭背景层，保存到“h_project\sourceimges\UV.jpg”文件中，如图 2-89 所示。

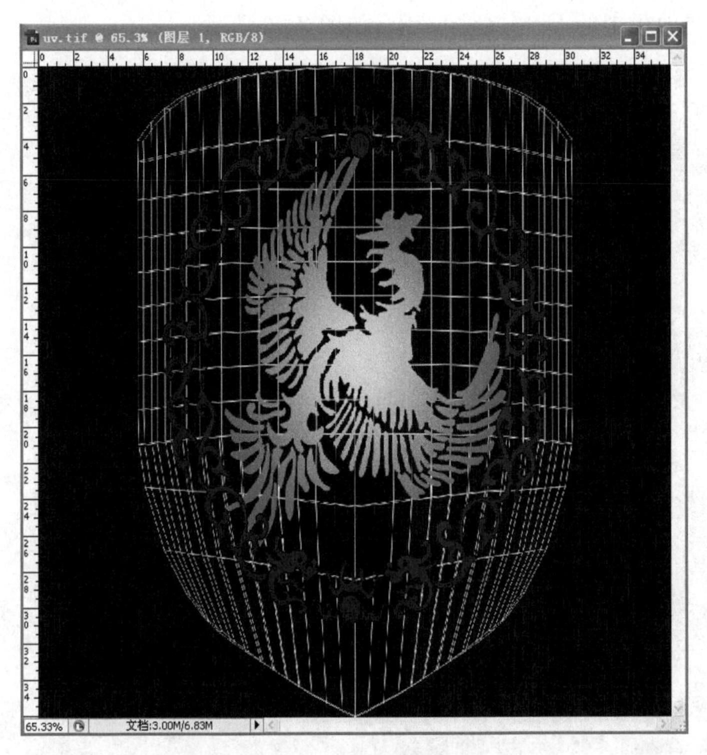

图 2-88　调整图像

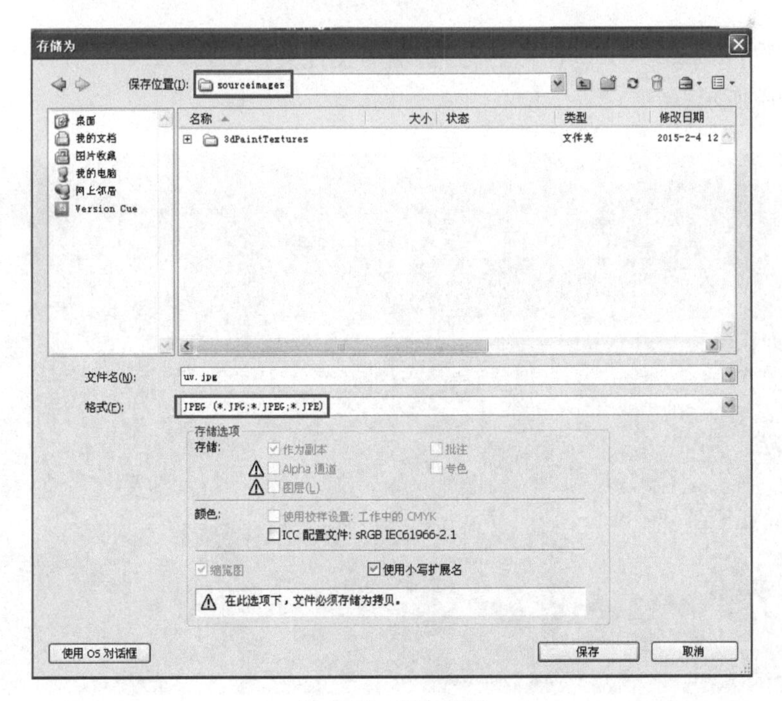

图 2-89　保存贴图

(12) 打开 blinn1 材质球，单击 Bump Mapping(凹凸贴图)纹理节点后方的棋盘格，单击材质纹理创建面板中的 File(文件)节点，如图 2-90 所示。

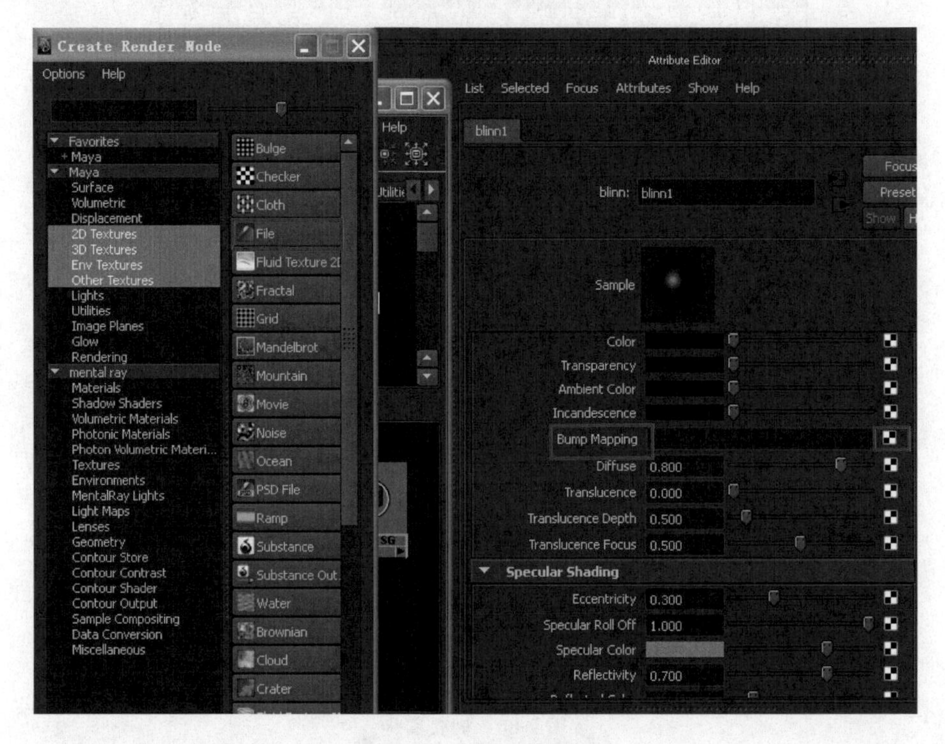

图 2-90 导入凹凸贴图

(13) 单击 Image Name(图像名称)右侧的文件夹按钮，打开 UV.JPG 文件，指定贴图，如图 2-91 所示。

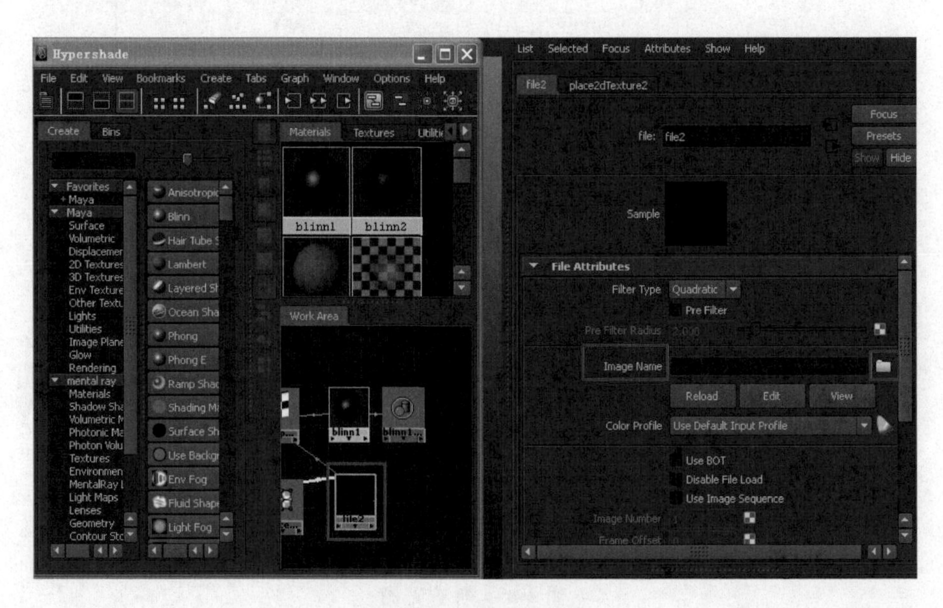

图 2-91 导入文件

(14) 设置凹凸强度为－0.500，渲染，如图 2-92 所示。

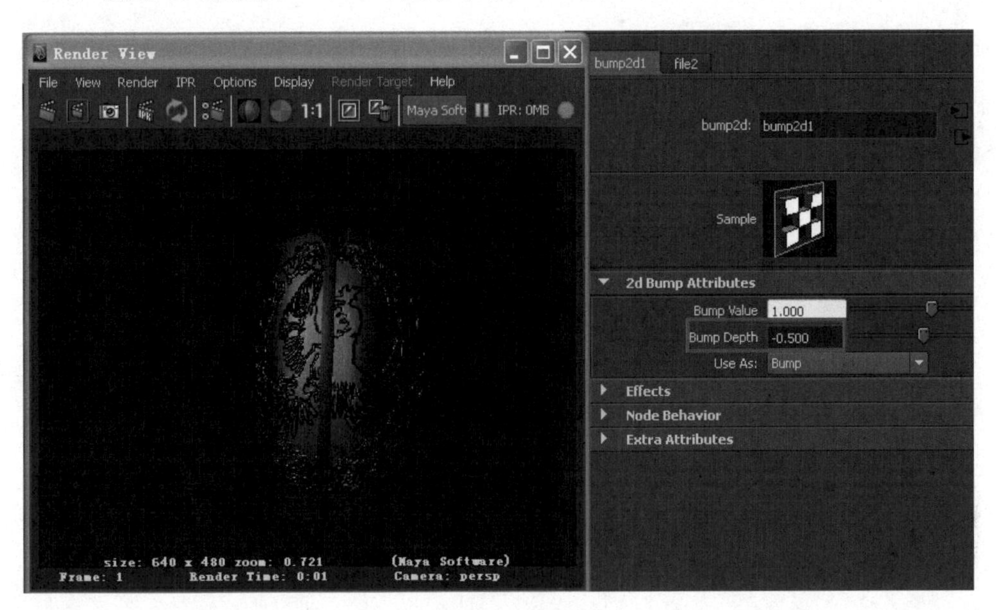

图 2-92　渲染

模块评估

请填写任务评估表(见表 2-1)，对任务完成情况进行评价。

表 2-1　材质模块任务评估

任务列表		自评	教师评价
1	Hypershade(材质编辑器)		
2	Common material attributes(常用材质属性)选项栏		
3	2D Textures(二维纹理)		
4	3D Textures(三维纹理)		
5	Layered Shader(分层着色器)		
6	层纹理 Layered Texture(分层纹理)		
7	Create UVs(创建 UV)→Planar Mapping(平面投射)		
任务综合评估			

模块三

渲染合成

学习重点

- 了解渲染的基础概念。
- 能够运用渲染技术进行测试渲染。
- 能够运用渲染技术进行场景、动画的最终渲染。
- 能够通过参数的调整，进行不同形式的渲染。

任务一　将给出的金鱼场景进行渲染

金鱼渲染效果如图 3-1 所示。

图 3-1　金鱼渲染

任务分析

1. 制作分析

- 执行 File(文件)→Open Scene(打开场景)命令打开所需的金鱼场景文件。

- 执行 Render(渲染)命令完成金鱼场景的渲染。

2. 工具分析

- 执行 File(文件)→Open Scene(打开场景)命令,打开已存在的场景文件。
- 执行 Open Render View(打开渲染视图)命令对场景进行渲染操作。

3. 通过本任务的制作,要求掌握如下内容

- 学会执行 File(文件)→Open Scene(打开场景)命令打开已存在的场景文件。
- 学习执行 Render(渲染)命令,并熟练进行参数调整设置。

新知解析

1. 渲染基础概念

Rendering(渲染)是将三维软件中制作的场景与动画输出为图片浏览器或视频播放器能够读取的图像文件的关键步骤。通过渲染计算可以将三维场景中的照明情况、物体的投影、物体之间的反射与折射以及物体的材质贴图等真实地表现出来。

2. 测试渲染

在对场景进行构建的过程中(包括材质纹理的指定、场景布光和摆放摄像机等),制作者需要反复对场景进行测试渲染以观察当前场景效果。通过测试渲染可以发现并校正当前场景存在的问题,也可以估计最终渲染时间,并在图像质量和渲染速度之间进行权衡。

3. 最终渲染

经过一系列的测试渲染和调整之后,当效果达到制作者预期目标时,可以对场景进行最终渲染。在 Maya 中可以将场景渲染输出为单帧图像、动画场景片段以及完整时间长度的动画影像文件。

渲染窗口由两部分功能区域所组成,分别是上方的命令菜单及功能按钮区域和下方的渲染图像显示区域,如图 3-2 所示。

(1) 将光标放置在渲染窗口的四角,按住鼠标左键进行拖动可以改变渲染图像显示的大小。

(2) 单击渲染视图窗口上方的 1:1 按钮,可以将渲染图像以原来像素尺寸进行显示。

(3) 在渲染视图窗口中同时按 Alt 键和鼠标右键进行拖动,可以改变渲染图像显示尺寸;同时按 Alt 键和鼠标中键进行拖动,可以改变渲染图像在窗口中的位置。

(4) 在场景中选择一条鱼,执行渲染图像窗口菜单中的 Render(渲染)→Render Selected Objects(渲染所选择对象)命令,单击视图窗口上方的按钮,这样只有当前处于选中状态的对象能被渲染出来,如图 3-3 所示。

(5) 在渲染视图窗口中按住鼠标左键进行拖动,产生红色矩形线框,单击视图窗口上方的按钮,这样将只有矩形选框内的区域才能进行渲染计算,如图 3-4 所示。

(6) 在渲染视图窗口中单击视图窗口上方的按钮,可以将透视图中的场景线框效果以快照方式捕获到渲染视图中进行显示,这样将有利于更加清晰地进行渲染区域的选取,单击按钮将对选定区域进行渲染,如图 3-5 所示。

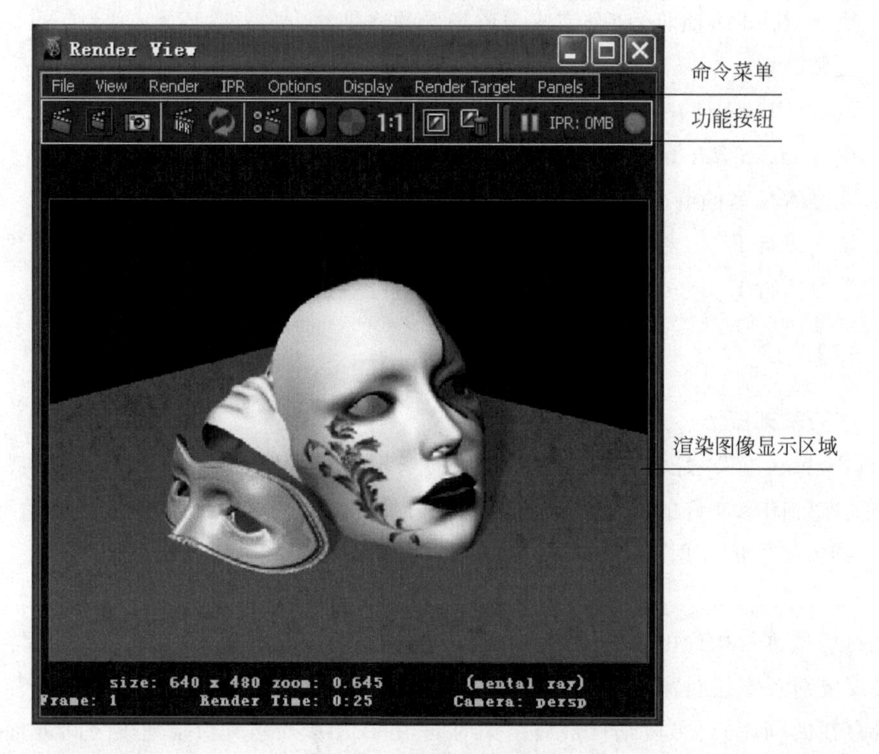

图 3-2　渲染窗口组成

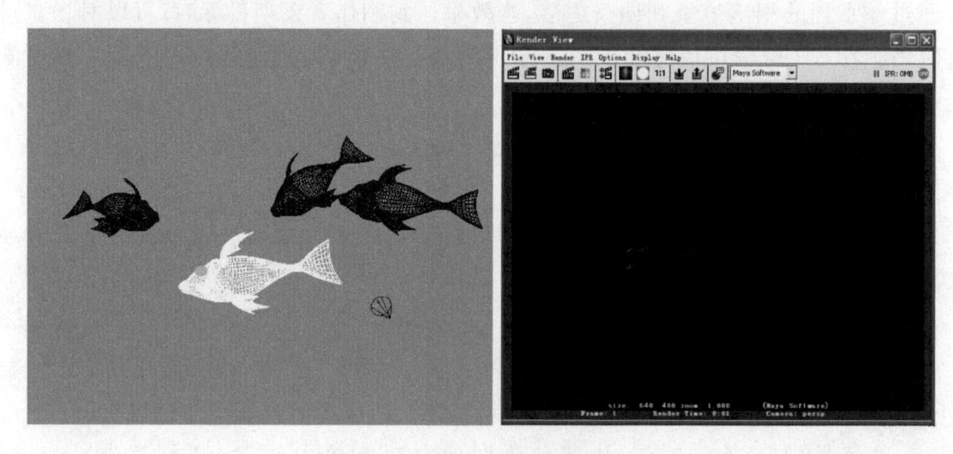

图 3-3　渲染所选择对象

(7) 在渲染视图窗口中单击视图窗口上方的 按钮，可以将当前渲染图像进行备份，便于参数调整时对调整前后的图像效果进行比较。

(8) 在对场景进行重新渲染后，拖动渲染图像窗口下方的滑块，则可以显示之前备份的渲染图像效果；单击 按钮可以清除之前备份的渲染图像。

(9) 在渲染视图窗口中单击视图窗口上方的 按钮，可以显示当前渲染图像的Alpha 通道；单击 按钮则将显示渲染图像的 RGB 通道，如图 3-6 所示。

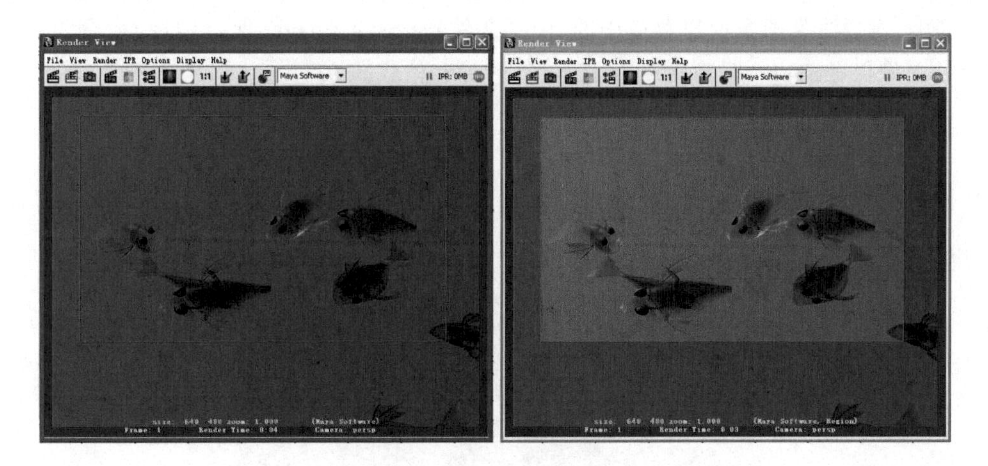

图 3-4　区域渲染设置

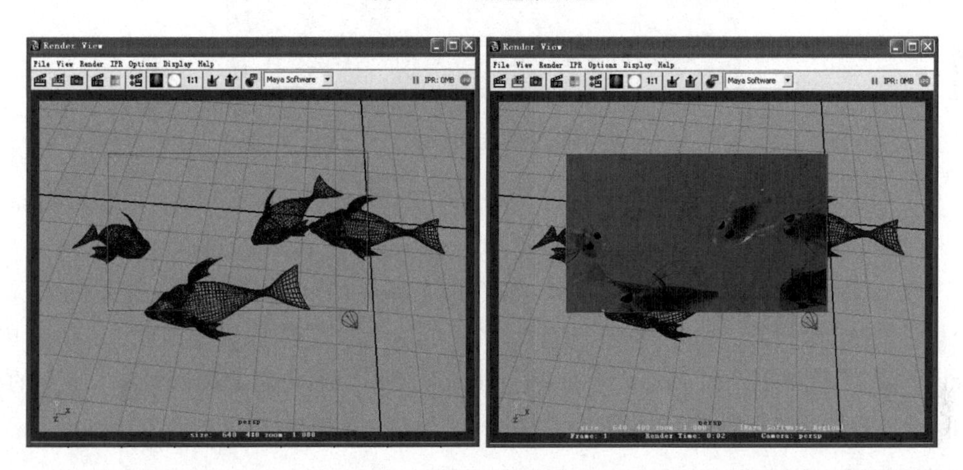

图 3-5　视图线框快照

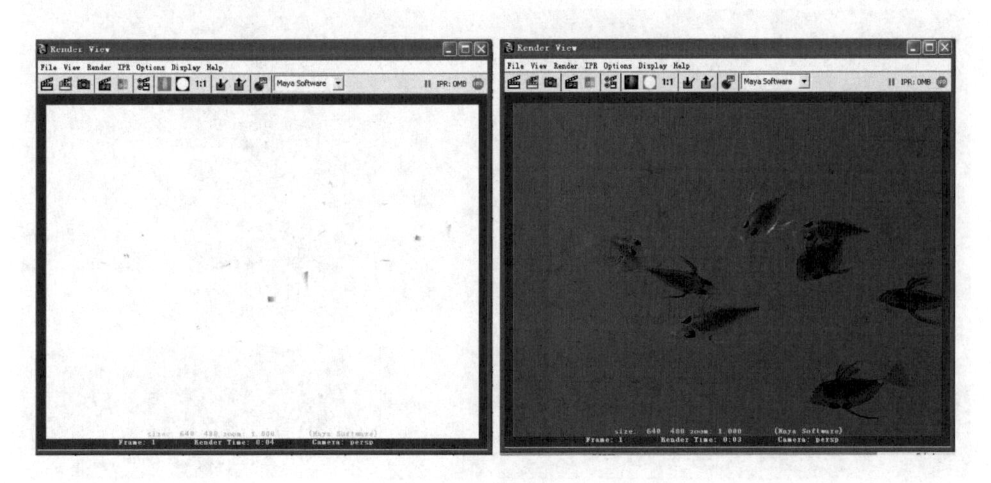

图 3-6　图像通道显示

(10) 执行渲染图像窗口菜单中的 File(文件)→Save Image(保存图像)命令,可以在弹出的图像保存窗口中设置图像存储路径、名称和格式。

任务实施

(1) 打开项目。执行 File(文件)→Open Scne(打开场景)命令,打开"Project4\shuimo_Project\scenes\鱼 02"文件,如图 3-7 所示。

图 3-7 鱼 02 文件

(2) 单击状态行中的 图标或执行 Window(窗口)→Render Editors(渲染编辑器)→Render Settings(渲染设置)命令,打开 Render Settings(渲染设置)窗口。

(3) 在 Render Settings(渲染设置)窗口的 Image Size(图像尺寸)选项栏中,设置 Presets(预制)选项为 640×480,并在 Anti-aliasing Quality(抗锯齿质量)选项栏中的 Quality(质量)选项下选择 Preview quality(预览质量)类型,单击渲染视图窗口上方的 按钮,对场景进行渲染,如图 3-8 所示。

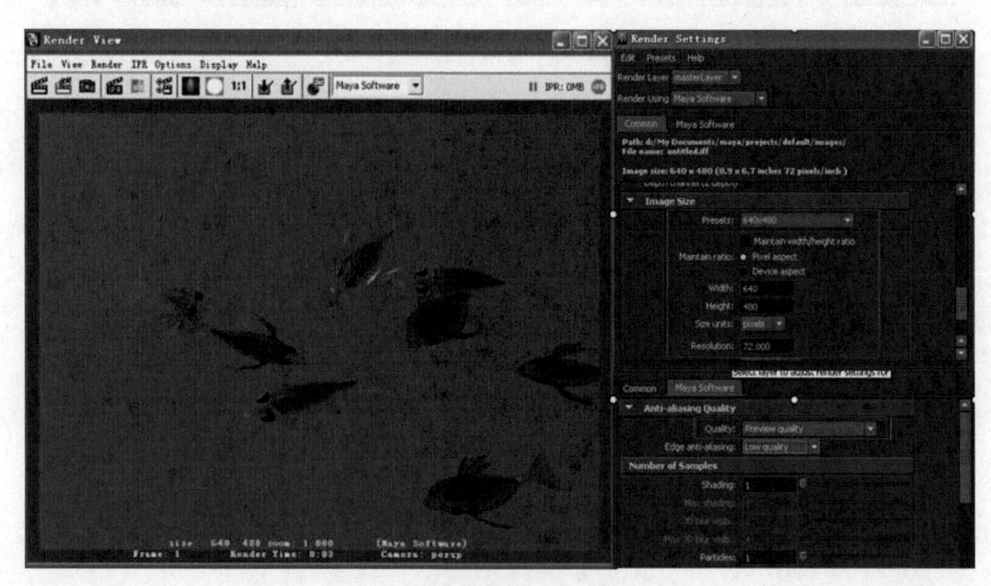

图 3-8 渲染属性设置

任务二　使用IPR渲染金鱼场景

任务分析

1. 制作分析

执行 File(文件)→Open Scne(打开场景)命令打开所需的金鱼场景文件。

执行 IPR→Update shadow Maps(更新阴影贴图)命令更新灯光阴影位置。

执行 Render(渲染)→IPR Render Current Frame(IPR 渲染当前帧)命令完成的金鱼场景的变幻渲染。

2. 工具分析

执行 File(文件)→Open Scne(打开场景)命令,打开已存在的场景文件。

执行 Render(渲染)→IPR Render Current Frame(IPR 渲染当前帧)对场景进行渲染操作。

3. 通过本任务的制作,要求掌握如下内容

学会执行 File(文件)→Open Scne(打开场景)命令打开已存在的场景文件。

学习执行 IPR 渲染方法,并熟练进行参数调整设置。

新知解析

IPR 是 Interactive Photorealistic Rendering(交互式真是渲染)的缩写,IPR 渲染方式使得用户在对场景做出改变的同时自动更新渲染,但是渲染不能渲染光线追踪下的场景。

IPR 渲染将产生大量的图像文件,这些文件自动存储在工程目录的 renderData\iprImages 目录中,拓展名为 iff,将这些文件删除可以释放硬盘空间。

(1) 执行 File(文件)→Open Scne(打开场景)命令打开已完成的场景。

(2) 执行 Render(渲染)→IPR Render Current Frame(IPR 渲染当前帧)命令渲染场景。

(3) IPR→Update shadow Maps(更新阴影贴图)命令的运用。

任务实施

(1) 打开项目。单击 File(文件)→Open Scne(打开场景)命令,打开光盘文件"Project9\shuimo_Project\scenes\鱼 03"文件。

(2) 单击 Render(渲染)→IPR Render Current Frame(IPR 渲染当前帧)命令或者再渲染图像窗口中单击 按钮,对场景进行渲染。

(3) 在渲染视图中,按住鼠标左键拖曳出矩形区域,定义自动更新渲染的范围。

(4) 选择场景中的灯光,按 Ctrl+A 组合键,打开灯光的属性编辑器,改变 Color(颜色)选项,这样在渲染视图中被选择的区域内将自动进行更新渲染,如图 3-9 所示。

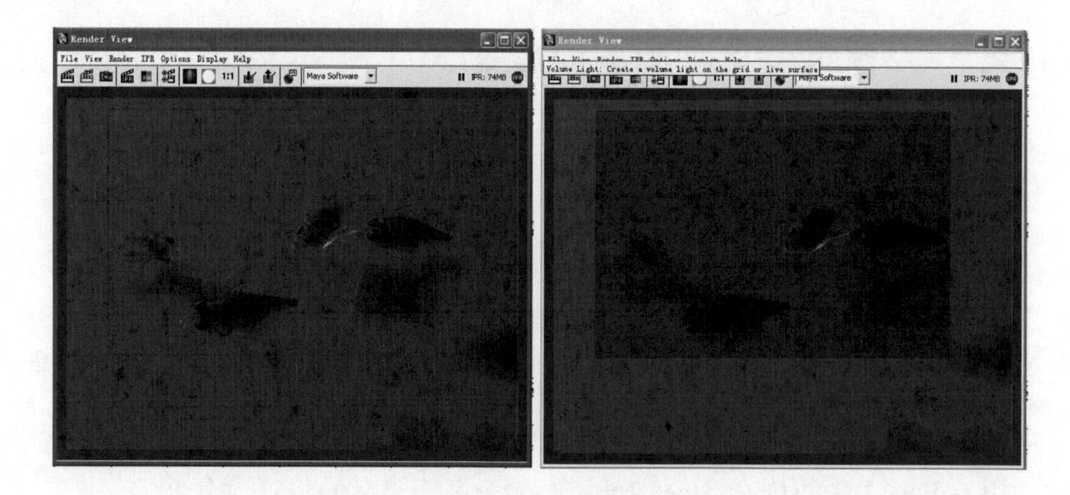

图 3-9　自动更新渲染

(5) 改变灯光照射位置,在渲染图像窗口中会观察到指定区域内自动进行了更新渲染,但是灯光照射阴影区域阴影并未进行自动更新。单击渲染图像窗口菜单中的 IPR→Update shadow Maps(更新阴影贴图)命令,这样将对阴影位置进行重新渲染并产生正确的渲染效果,如图 3-10 所示。

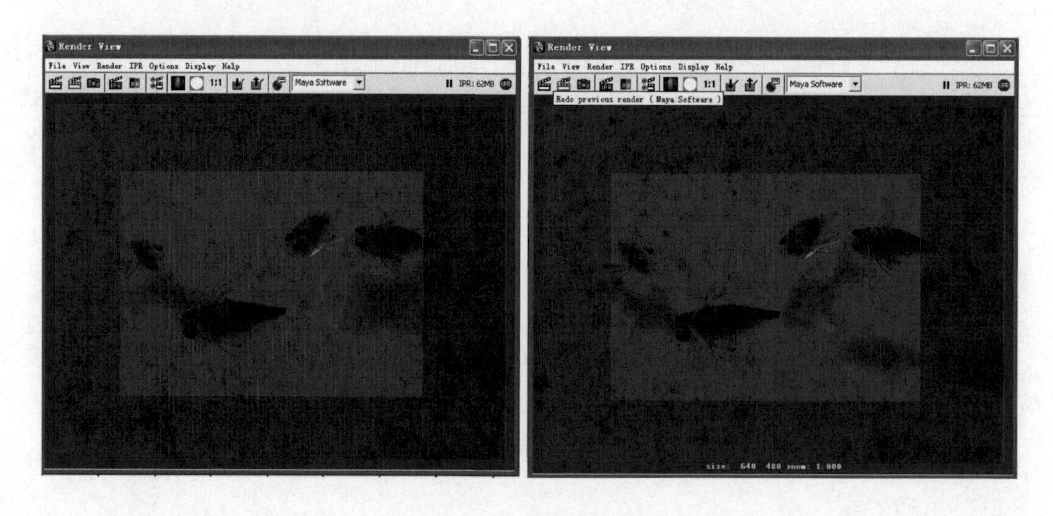

图 3-10　更新阴影贴图

(6) 选择金鱼眼睛对象,在材质属性编辑面板中将 Transparency(透明度)选项调整为白色,这样可以观察到在 IPR 渲染区域对金鱼眼睛材质透明度变化进行了自动更新渲染,然而并未取得正确的渲染效果。

(7) 在渲染图像窗口中单击 按钮,对场景重新进行 IPR 渲染,这样将产生正确的材质透明效果,如图 3-11 所示。

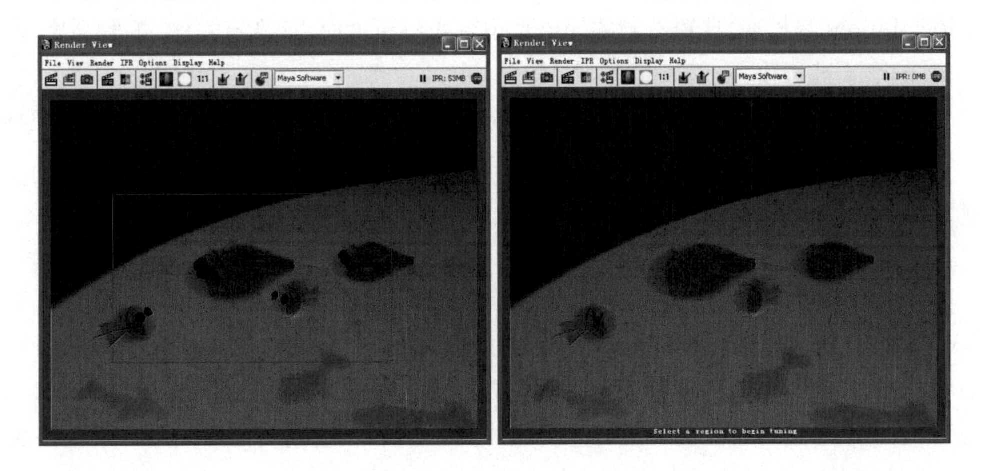

图 3-11 手动更新渲染

任务三 使用硬件渲染对 LOGO 的变形粒子动画进行渲染

任务分析

1. 制作分析

执行 File(文件)→Open Scne(打开场景)命令打开所需的场景文件。

使用硬件渲染完成场景的渲染。

2. 工具分析

执行 File(文件)→Open Scne(打开场景)命令，打开已存在的场景文件。

在 Hardware Render Globals(硬件渲染全局)属性面板中指定硬件渲染相关信息。

3. 通过本任务的制作，要求掌握如下内容

学会执行 File(文件)→Open Scne(打开场景)命令打开已存在的场景文件。

学习执行硬件渲染方式渲染所需的文件场景。

新知解析

硬件渲染的工作流程主要分为渲染参数设置、进行渲染和观看渲染结果三个步骤。

1. 图像输出文件属性

Filename(文件名)选项控制所有渲染图像的基础名。

Extension(扩展名)选项控制添加到基础文件名后面的扩展名的格式。

Start Frame(开始帧)和 End Frame(结束帧)选项分别用于设置进行渲染的动画开始帧和结束帧。

By Frame(帧间隔)选项用于设置渲染图像的文件格式，默认为 Maya IFF 格式。

Image Format(图像格式)选项用于设置渲染图像的文件格式，默认为 Maya IFF 格式。

Resolution(解析度)选项右侧的输入框中输入解析度时以“格式名称 宽度 高度 设备宽高比”的形式进行输入，例如 320×240 320 240 1.333。

Alpha Source(Alpha 通道)选项用于设置硬件渲染生成图像所带有的 Alpha 通道类型。

Write Z Depth(写入 Z 通道)选项用于控制硬件渲染生成的图像是否带有深度信息，也就是物体与摄像机之间的距离。

2. 渲染模式属性

Lighting Mode(照明模式)选项用于指定硬件渲染计算中的光线来源，用户可以指定 Default Light(默认灯光)、All Lights(所有灯光)以及 Selected Lights(所选择灯光)等四种照明模式，其中 All Lights(所有灯光)模式下场景中最多有八处灯光。Draw Style(绘制类型)选项用于控制硬件渲染的方式。其中 Points(点)绘制类型是指 NURBS 曲面作为在空间中平均分布的点被渲染，多边形曲面的对应定点被渲染，粒子作为点被渲染；Wireframe(线框)绘制类型是指曲面以线框方式被渲染；Flat Shaded(平坦明暗)绘制类型是指曲面以平坦多边形的方式被渲染；Smooth Shaded(光滑明暗)是指曲面作为赋予 Phong 材质的多边形被渲染。

Texturing(纹理)选项在开启状态下将导致所有的纹理贴图参与硬件渲染。

Geometry Mask(几何体蒙版)选项在开启状态下，将只有硬件粒子效果进行渲染，渲染出的粒子动画往往用于后期合成制作。

任务实施

(1) 打开项目。执行 File(文件)→Open Scne(打开场景)命令，打开“Project9\blow_away_text\scenes\blow_away_text”文件，场景中包含了一个 GNOMON 工作室 LOGO 的变形粒子动画效果。

(2) 执行 Window(窗口)→Rendering Editors(渲染编辑器)→Hardware Render Buffer(硬件渲染缓冲器)命令，打开 Hardware Render Buffer(硬件渲染缓冲器)窗口，如图 3-12 所示。

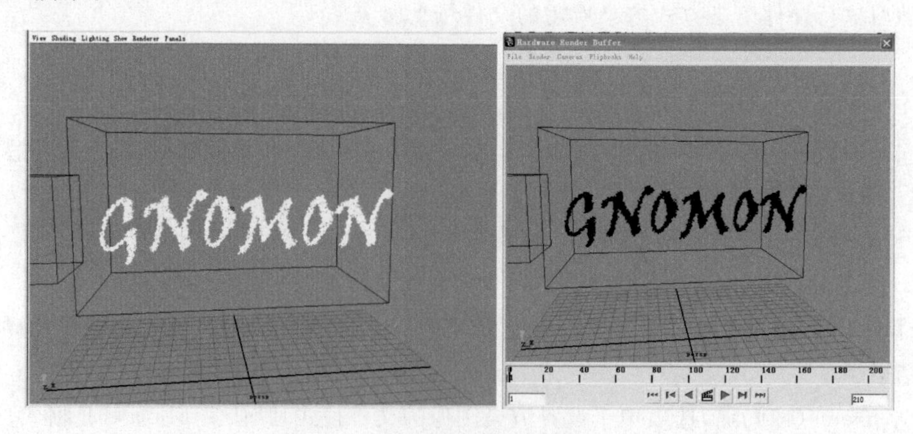

图 3-12　打开硬件渲染缓冲器窗口

(3) 在 Hardware Render Buffer(硬件渲染缓冲器)中,执行 Cameras(摄像机)→persp(透视图)命令,制定硬件渲染的视图为透视图,如图 3-13 所示。

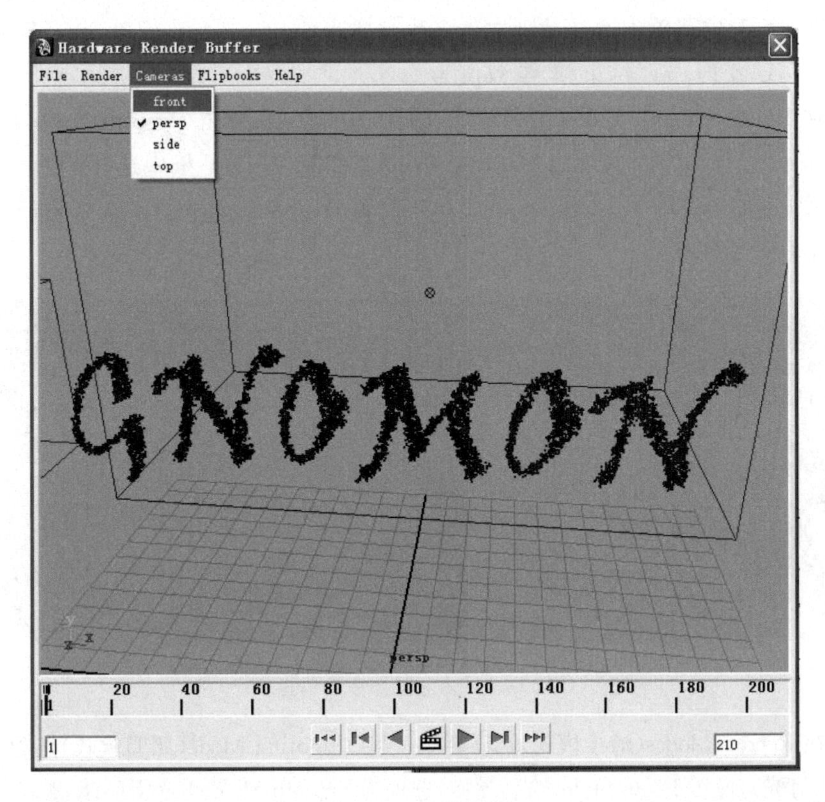

图 3-13　参数设置

(4) 在硬件渲染缓冲器窗口中,执行 Render(渲染)→Attributes(属性)命令,打开硬件渲染属性编辑器,如图 3-14 所示。

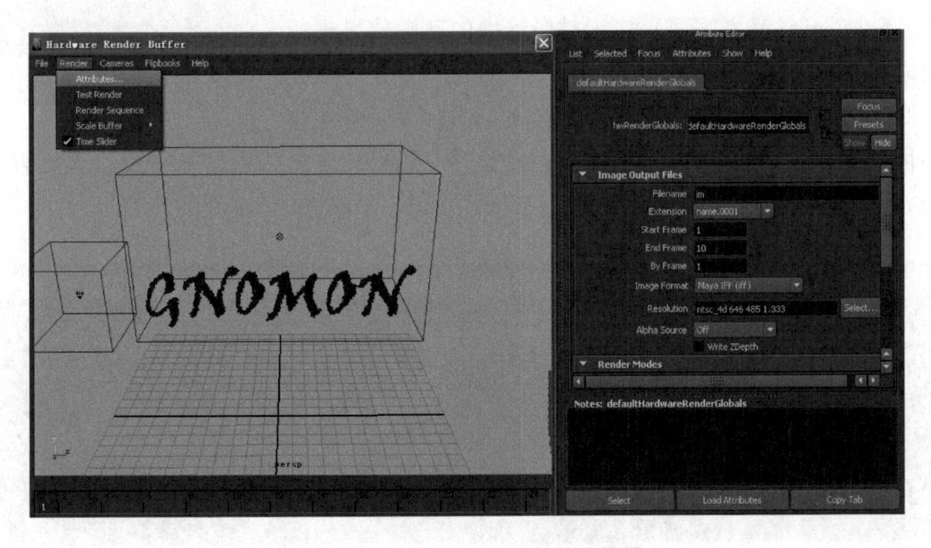

图 3-14　打开硬件渲染属性编辑器

（5）在硬件渲染属性编辑器的 Image Output Files（图像输出文件）选项栏中，在 Filename（文件名）选项后面输入 im 作为保存渲染图像文件的名称，并在 Extension（扩展名）选项后面的下拉菜单中选择动画文件名称格式为 name. 1. ext，设置 Start Frame（开始帧）参数为 1，End Frame（结束帧）参数值为 200。

（6）在 Image Output Files（图像输出文件）选项栏中，单击 Resolution（解析度）选项右侧的 Select（选择）按钮，在弹出的 Image Size（图像尺寸）对话框中选择一个预设值直接输入解析度（例如 NTSC_4d 646 485 1. 333），设置 Alpha Source（Alpha 通道）选项为 Off 状态，如图 3-15 所示。

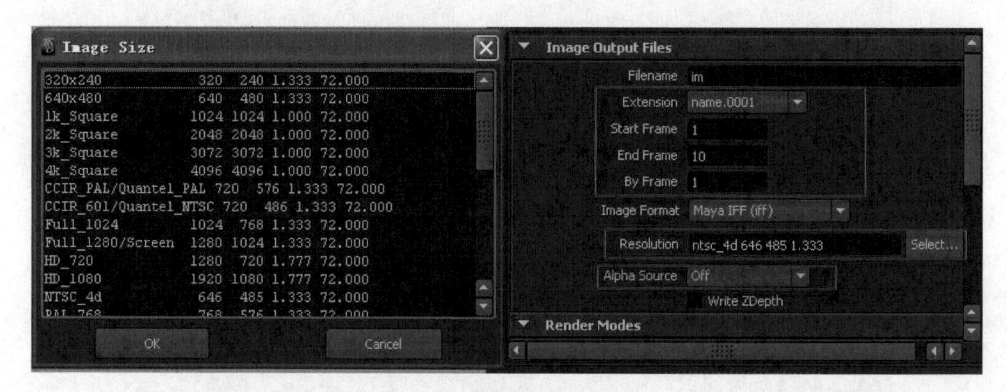

图 3-15　设置图像输出属性

（7）在 Render Modes（渲染模式）选项栏中，设置 Lighting Mode（照明模式）选项为 Default Light（默认灯光），设置 Draw Style（绘制类型）选项为 Smooth Shaded（光滑明暗）类型。

（8）在 Display Options（显示选项）选项卡中，设置 Background Color（背景颜色）选项来更改背景颜色。

（9）在硬件渲染缓冲器窗口中，执行 Render（渲染）→Render Sequence（渲染序列）命令，对场景中的动画效果进行硬件渲染，如图 3-16 所示。

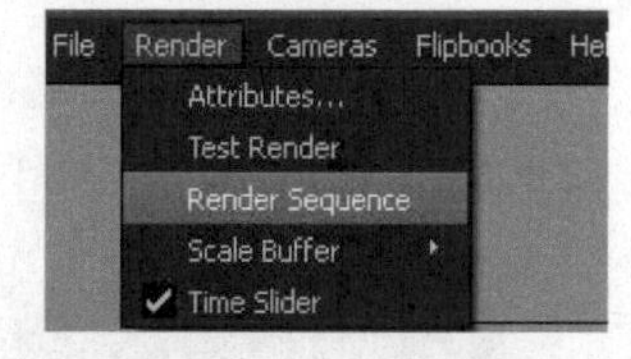

图 3-16　硬件渲染

（10）渲染结束后，在 Hardware Render Buffer（硬件渲染缓冲器）窗口中，单击 Fliphlooks（预览）命令，在次一级菜单中选择与所设置文件名称相对应的文件，这样硬件渲染的图像会显示在 FCheck 视图中，如图 3-17 所示。

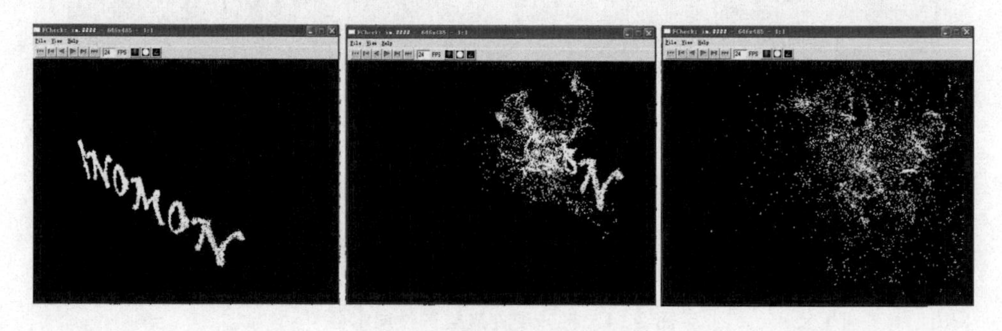

图 3-17　查看硬件渲染效果

(11) 在工程目录的 images 文件夹下可以查看到硬件渲染生成的图像文件，系统不能将其自动进行清除，制作者可以根据需要选择保留或删除这些图像文件。

任务四　使用矢量渲染对动画人物进行渲染

任务分析

1. 制作分析

执行 File(文件)→Open Scne(打开场景)命令打开所需的场景文件。

执行矢量渲染完成场景的渲染。

2. 工具分析

执行 File(文件)→Open Scne(打开场景)命令，打开已存在的场景文件。

执行 Vector Render(矢量渲染器)渲染所需要的场景文件。

3. 通过本任务的制作，要求掌握如下内容

学会执行 File(文件)→Open Scne(打开场景)命令打开已存在的场景文件。

学习执行矢量渲染方式渲染所需的文件场景。

新知解析

Maya Vector(Maya 矢量)渲染器可以渲染生成具有卡通风格的矢量文件，导出后还可以在 Illustrator 和 Flash 等软件中进行进一步编辑。

在渲染设置窗口的 Render Using(渲染使用)选项下如果没有显示出 Maya Vector (Maya 矢量)类型，则可以单击 Window(窗口)→Settings/Preferences(设置/参数)→Plug_in Manager(插件管理器)命令，并在插件管理器窗口中开启 Vector Render(矢量渲染器)选项右侧的 Loaded(加载)选项。

任务实施

(1) 打开项目。执行 File(文件)→Open Scne(打开场景)命令，打开"Project9\renwusan\scenes\katongrenwu"文件，场景中包含了卡通人物的多边形对象。

(2) 执行 Window(窗口)→Rendering Editors(渲染编辑器)→Render Settings(渲染设置)命令，打开 Render Settings(渲染设置)窗口，在 Render Using(渲染使用)选项下选择 Maya Vector(Maya 矢量)渲染器类型，如图 3-18 所示。

(3) 在渲染设置窗口中单击 Common 按钮，并在 File Output(图像文件输出)选项栏下的 Image format(图像格式)选项中选择 Macromedia SWF(swf)文件格式，制作者也可以根据需要设置其他图像格式类型，如图 3-19 所示。

(4) 在渲染设置窗口中单击 Maya Software 按钮，并在 Image Format Options(SWF)选项栏中调整 Frame rate(帧速率)参数值为 swf 格式通用的 12 帧/秒，如果渲染生成的动画

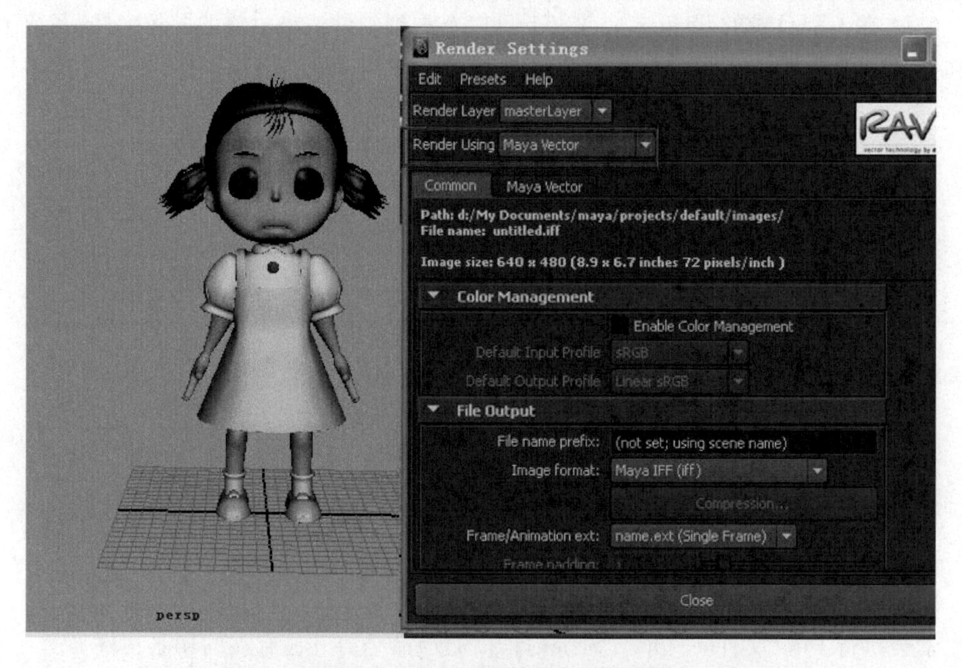

图 3-18 选择 Maya 矢量渲染器类型

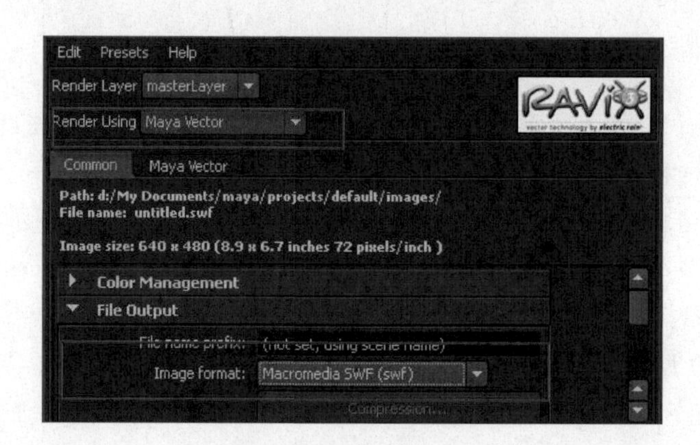

图 3-19 选择图像输出格式

文件将用于电视播放，则应该将该参数调整为 PAL 电视标准对应的 25 帧/秒或 NTSC 电视标准对应的 30 帧/秒。

(5) 在 Flash version(Flash 版本)选项下可以选择渲染生成的 swf 动画文件所对应的 Flash 版本。

(6) 在 Edge Options(填充选项)选项栏中开启 Include edges(包含边)选项，并对场景进行渲染，这样将会看到在物体边缘出现描线效果，如图 3-20 所示。

(7) 在 Fill Options(填充选项)选项栏中关闭 Fill objects(填充对象)选项，在渲染时将不会对物体内部的填充颜色进行计算，同时在 Edge Options(边选项)选项栏中将 Edge color(边颜色)选项调整为白色，对场景进行渲染，如图 3-21 所示。

图 3-20　添加边缘描线效果

图 3-21　白描卡通渲染效果

(8) 重新启动 Fill objects(填充对象)选项，在 Appearance Options(形状选项)选项栏中调整 Curve tolerance(曲线容差值)参数为 15，并对场景进行渲染，可以观察到渲染图像与物体初始形状相比出现了较大的误差，如图 3-22 所示。

(9) Fill Options(填充选项)选项栏的 Fill Style(填充类型)选项用于改变对象的颜色填充效果，共有 7 种填充类型，分别是 Single color(单色)、Two color(双色)、Four color(四色)、Full color(全色)、Average color(均色)、Area gradient(区域渐变)和 Mesh gradient(网格渐变)类型，填充效果如图 3-23 所示。

(10) 在场景中创建 Point Light(点光源)对象，调整光源照射位置和角度，并在属性编辑面板中开启 Use Depth Map Shadows(使用深度贴图阴影)选项，这样将在场景渲染图像中产生阴影效果，如图 3-24 所示。

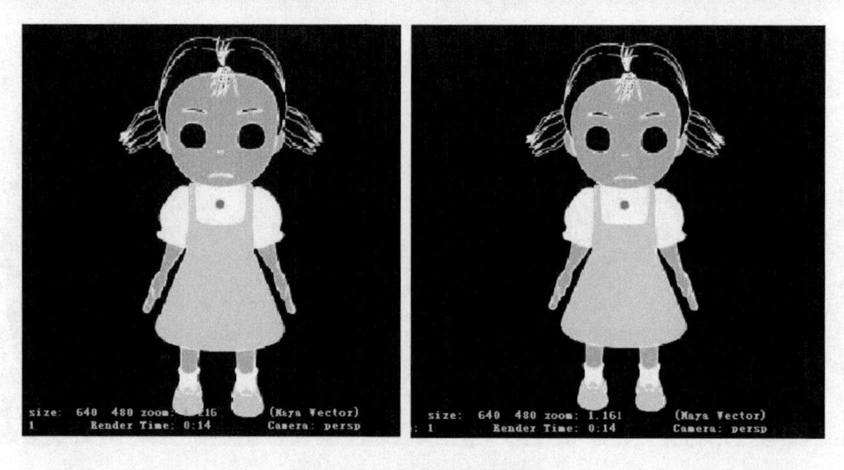

图 3-22　调整曲线容差值

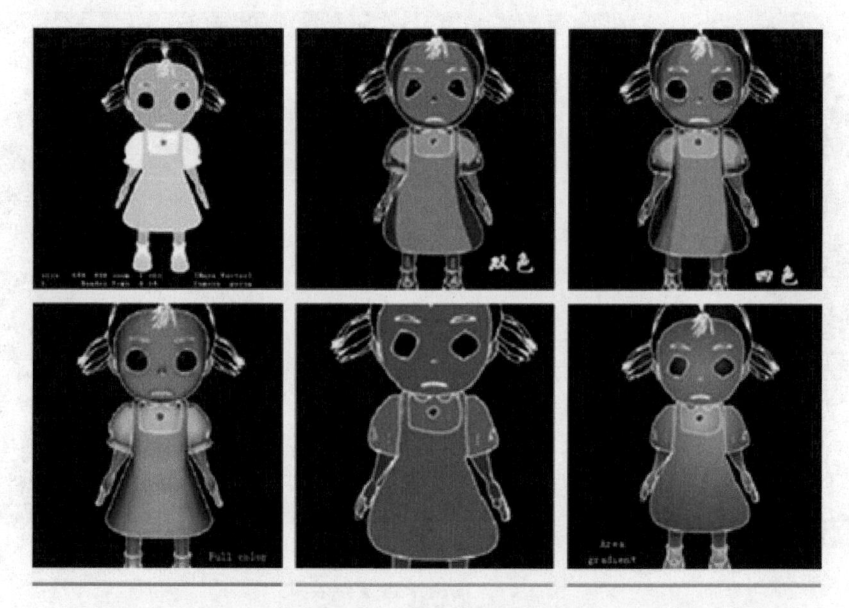

图 3-23　改变填充类型

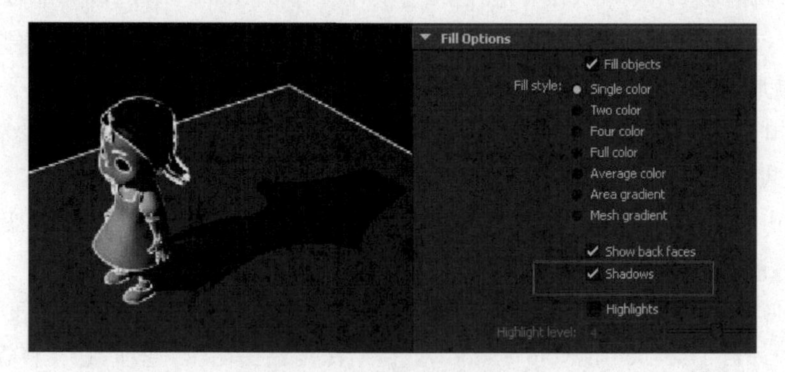

图 3-24　产生阴影效果

模块评估

请填写任务评估表(见表 3-1),对任务完成情况进行评估。

表 3-1 渲染合成模块任务评估

任务列表		自评	教师评价
1	打开场景		
2	矢量渲染生成		
3	参数设置		
任务综合评估			

模块四

综合实例

学习重点

- 实例分析。
- 编辑材质。
- 设定灯光照明。
- 设定渲染属性。

综合实例——旧地球仪

本实例的练习重点：

- 实例分析。
- Hyper shade(材质编辑器)的构成与功能。
- 表面材质属性。
- Textures(纹理)类型及属性设置。
- 层纹理 Layered Texture(分层纹理)。

实例分析

(1) 这是一个材质案例，提供已经完成的模型。

(2) 地球仪需要表面材质。

(3) 为了保证凹凸效果可以通过一个黑白贴图来更加精确的设置。

(4) 做旧的金属底座是本案例的难点，重点在于复习和巩固层纹理的知识，通过两套不同纹理在层纹理上的叠加组合成一个完美的锈迹金属效果。

实例实施

1. 制作贴图

(1) 打开文件，执行 File(文件)→Open(项目)命令，打开“Project 5\scenes\diqiuyi. mb”文件。

(2) 创建材质,选择 Window(窗口)→Rendering Editors(渲染编辑器)→Hypershade(材质编辑器)打开材质编辑器窗口,创建 Lambert(兰伯特)材质节点,并将材质赋予球体。

(3) 属性贴图,在 Common material attributes(常用材质属性)选项栏中的 Color(颜色)纹理通道内指定 File(文件)节点,单击 File Attributes 文件属性面板中的路径按钮,如图 4-1 所示。

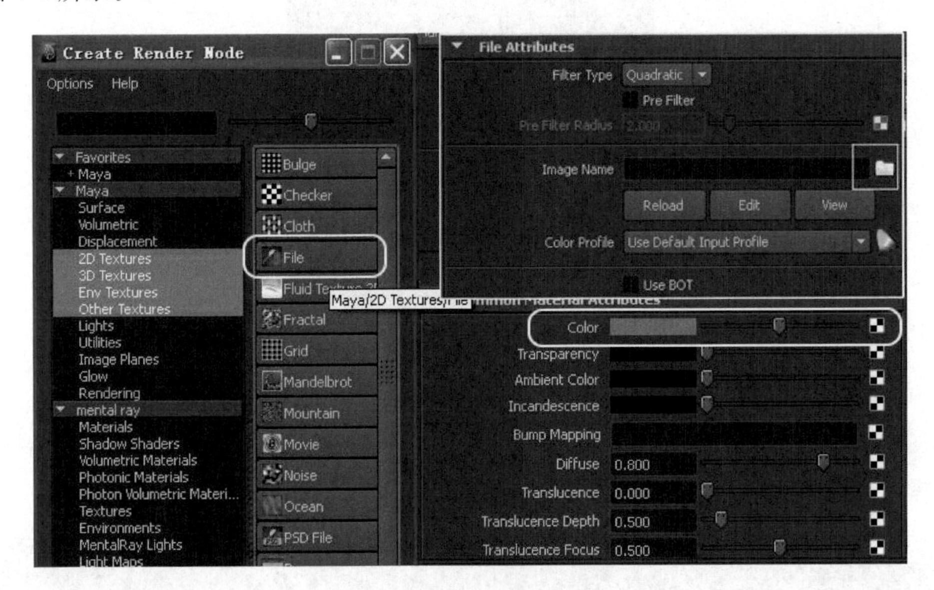

图 4-1　属性贴图

(4) 指定贴图,在弹出的贴图来源文件夹中选择 Map 图片,如图 4-2 所示。

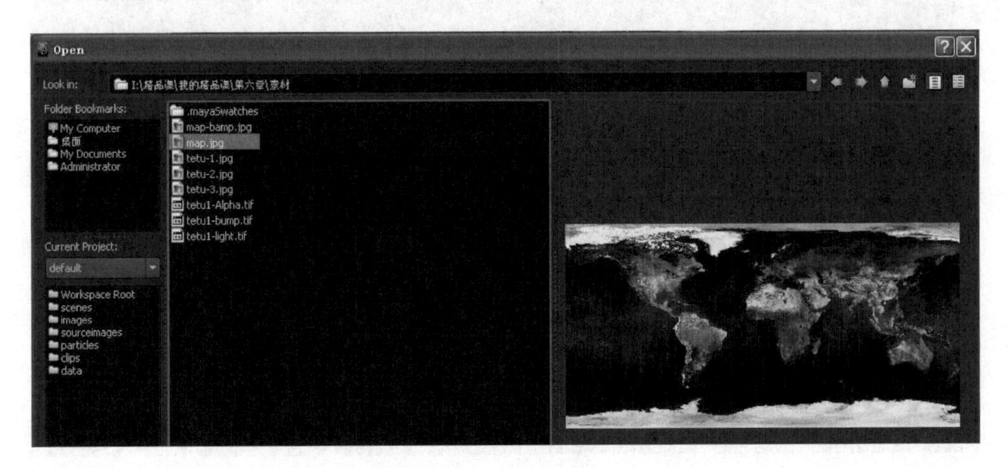

图 4-2　指定贴图

(5) 摄影机视图,在视图菜单中选择 Panels(视图面板)→Perspective(透视摄像机)→camera1(摄影机 1)命令,切换至摄影机 1 视图。

(6) 测试渲染,影像如图 4-3 所示。

(7) 连接凹凸纹理,材质球属性,单击 Common material attributes(常用材质属性)选

图 4-3　测试渲染

项栏中 Bump Mapping(凹凸贴图)通道的连接按钮，在窗口中选择 File(文件)纹理。

(8) 指定贴图，文件纹理会自动连接凹凸节点并打开凹凸节点的属性面板，单击按钮选择需要的 Map-bump 图片，如图 4-4 所示。

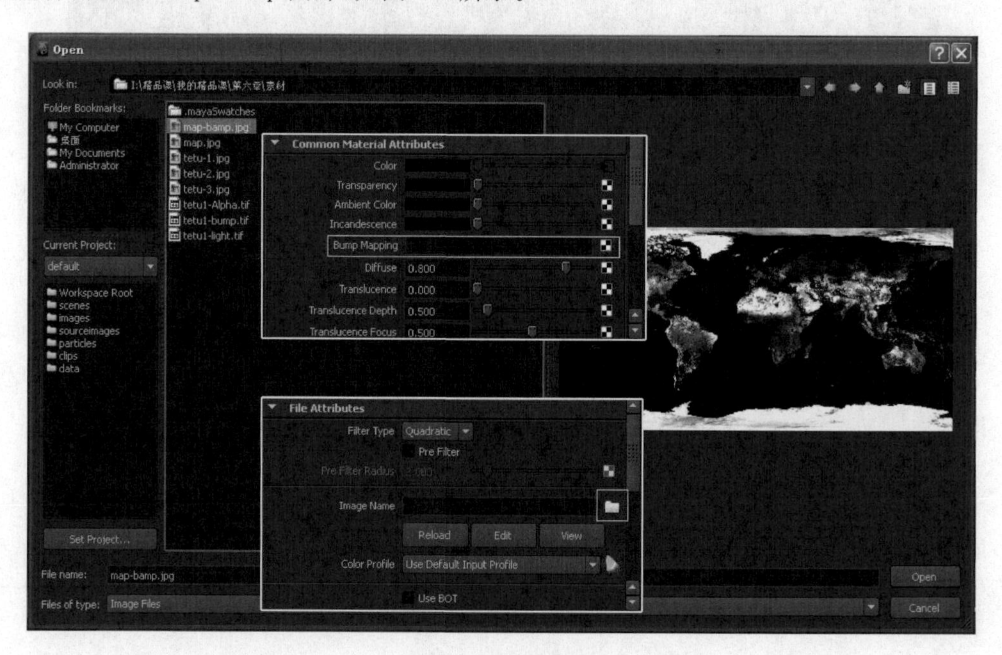

图 4-4　凹凸贴图

(9) 修改凹凸节点，打开 2d Bump Attributes(凹凸属性)面板，修改 Bump Depth(凹凸深度)属性，将属性设置为 0.1，如图 4-5 所示。

(10) 渲染效果，如图 4-6 所示。

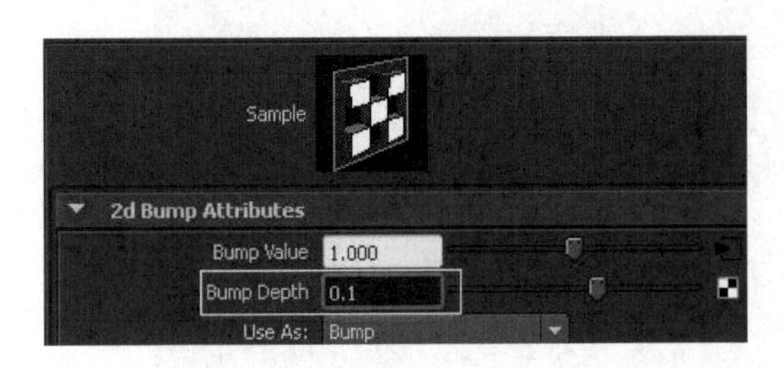

图 4-5　修改凹凸节点

图 4-6　渲染效果

2. 制作腐蚀的金属底座

地球仪的球面部分是一套纹理，在底座的部分将使用两套纹理。两套纹理的叠加需要使用层纹理。

（1）制作第一套纹理，选择 Window（窗口）→Rendering Editors（渲染编辑器）→Hypershade（材质编辑器）打开材质编辑器窗口，创建 3 个 File（文件）节点，如图 4-7 所示。

（2）连接文件节点，分别将文件 tetu-Alpha、tetu-light、tetu-bump 的套图进行节点连接。

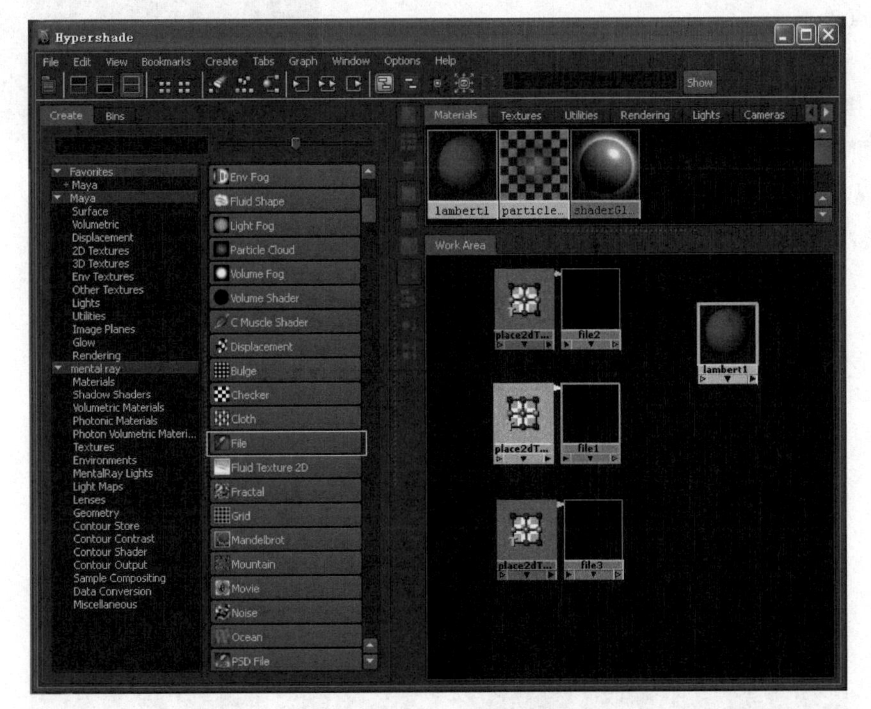

图 4-7　创建 3 个文件节点

(3) 连接材质球，按住鼠标中键将指定好的文件节点连接到材质球相对应的通道中，其中包括：Color(颜色)、Bump Mapping(凹凸)、Specular Roll Off(高光强度)、Specular Color(高光颜色)属性通道，连接次序如图 4-8 所示。

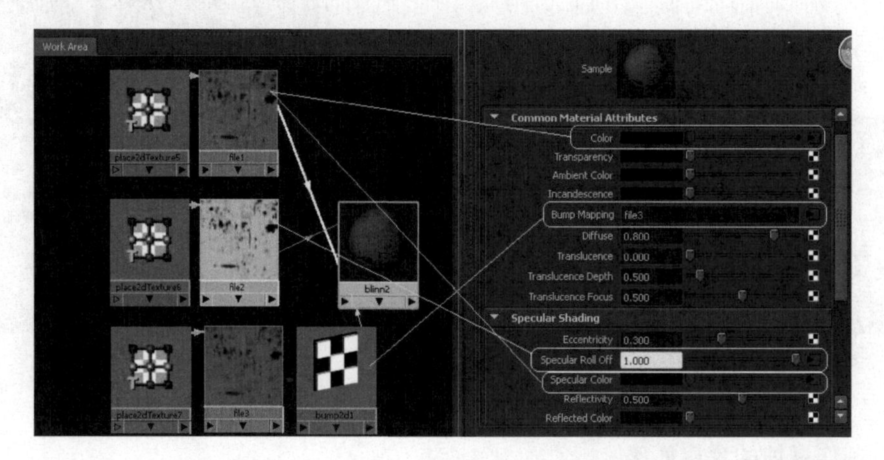

图 4-8　连接材质球

渲染连接效果如图 4-9 所示。

(4) 将连接好的节点打断。

(5) 制作第二套纹理，再次创建 3 个文件节点，分别将素材文件中的 tietu-1、tietu-2、tietu-3 的套图进行节点连接。

(6) 连接材质球，按住鼠标中键将指定好的文件节点连接到材质球相对应的通道中，其中包括：Color(颜色)、Bump Mapping(凹凸)、Specular Roll Off(高光强度)、Specular Color(高光颜色)属性通道，连接次序如图 4-10 所示。

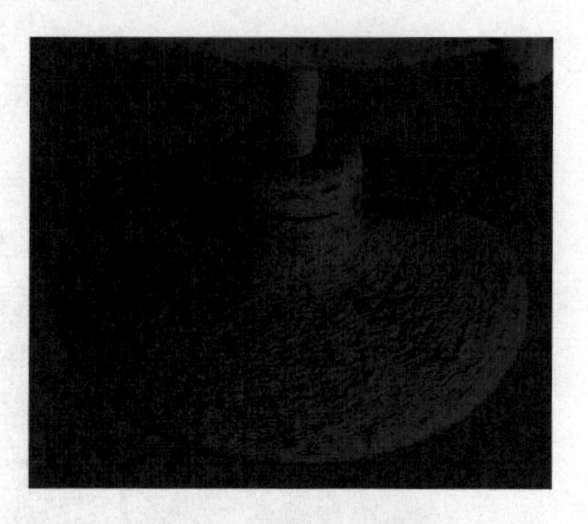

图 4-9　渲染连接效果

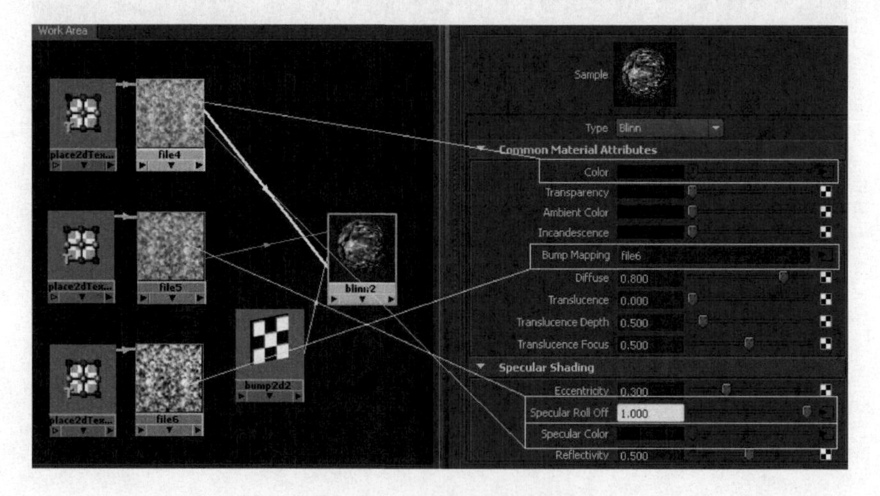

图 4-10　连接第二套材质球

(7) 设置图案重复次数，分别打开 3 个文件节点的二维纹理坐标系，其将 Repeat UV(重复次数)改为 3 和 2，渲染效果如图 4-11 所示。

(8) 将连接好的节点打断。

3. 合并纹理

材质球只能连接一套纹理所以需要使用层纹理来进行合并。

(1) 创建层纹理，创建 3 个等待节点连接的层纹理，如图 4-12 所示。

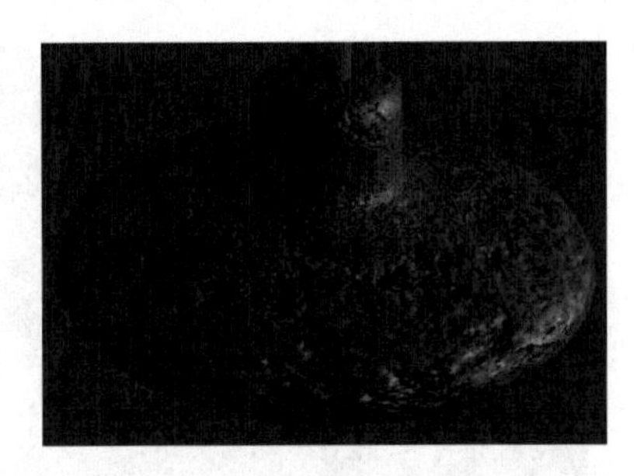

图 4-11　渲染第二套

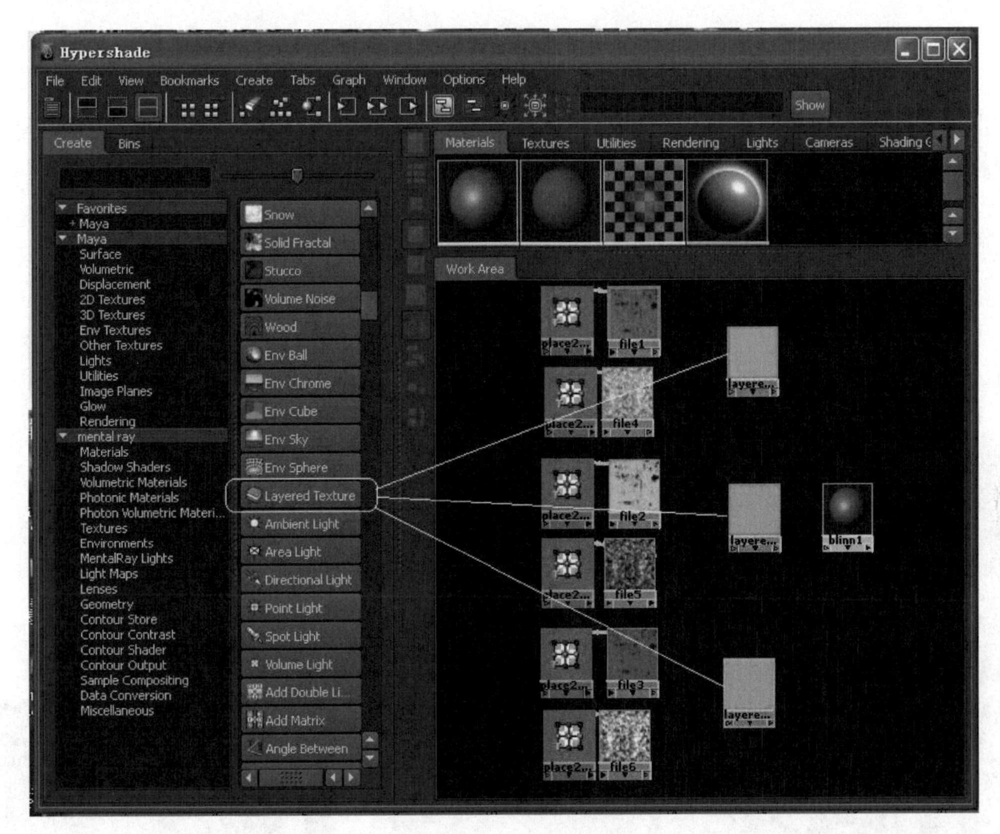

图 4-12　创建层纹理

(2) 合并颜色通道，双击打开层纹理属性编辑器，鼠标中键将两张颜色通道贴图拖曳到层纹理中，注意 tetu-Alpha 在前，次序一定要对，并将材质球连接到 Color(颜色)、Specular Color(高光颜色)属性通道，如图 4-13 所示。

(3) 调整图像亮度，调整 Color Balance(色彩平衡)→Color Offset(色彩增益)使图像更加真实。

(4) 合并高光、反射通道，先将 tetu-light 与层纹理连接上，再连接 tietu-2 并鼠标中键弹出快捷菜单选择 Other(其他)命令。

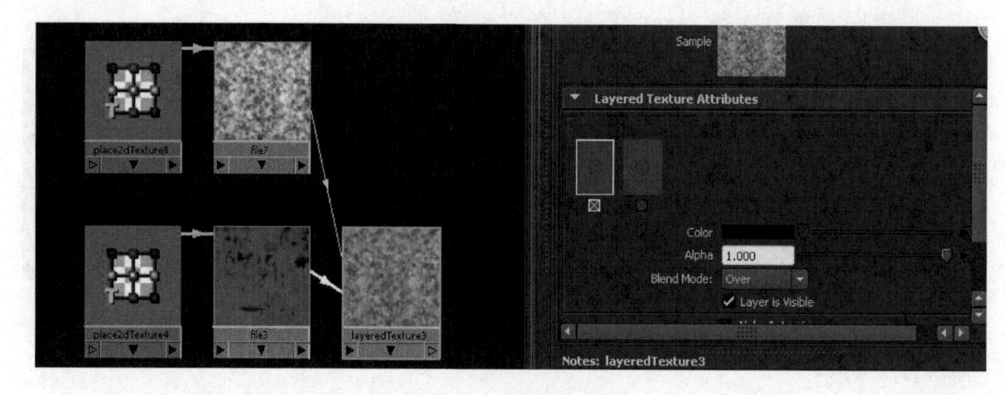

图 4-13　层纹理次序

(5) 关联编辑器,在关联编辑器窗口中,将贴图中的 outAlpha(输出透明)连接到层纹理的 inputs[5]. colorR、inputs[5]. colorG、inputs[5]. colorB 通道中,这样就可以给层纹理输出灰度色彩信息,连接好层纹理,如图 4-14 所示。

(6) 连接材质球,将新连接好的层纹理连接到 Specular Roll Off(高光强度)、Reflectivity(反射率)属性通道,使有锈迹的位置没有高光反射,没有锈迹的地方仍然保留金属高光。

(7) 合并凹凸通道,将凹凸纹理拖拽到层纹理,并将凹凸强度调整为 0.1,查看最终效果,如图 4-15 所示。

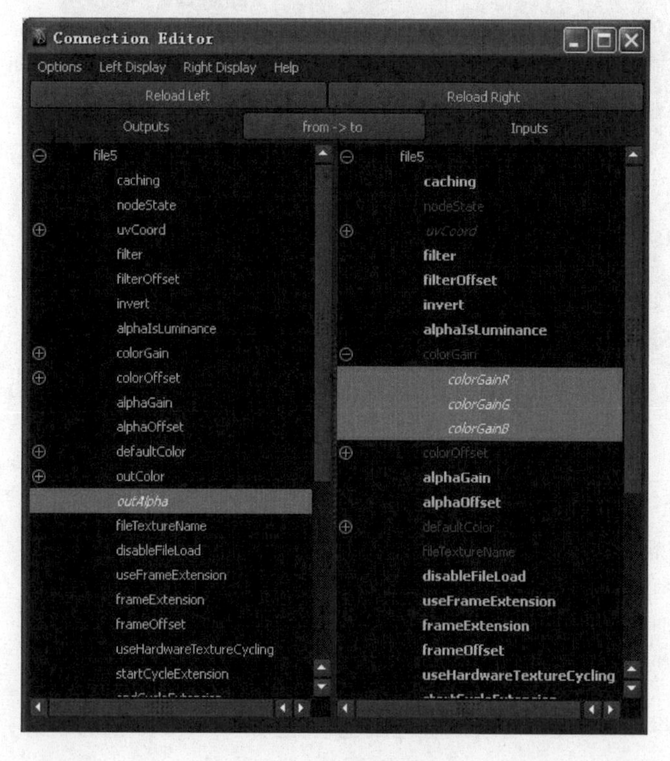

图 4-14　关联编辑器

图 4-15　渲染最终效果

综合实例二——翡翠玉镯

本实例的练习重点：

- 实例分析。
- 制作翡翠材质。
- 贴图环境照明——Image Based Lighting。
- mental ray 渲染输出设置。

实例分析

(1) 这是一个材质与灯光的综合案例，提供简单模型。

(2) 翡翠有一个比较特殊的表面材质，颜色的变化是多层次的，所以需要多个渐变纹理来表现，还要通过分形噪波纹理制作翡翠中的絮状纹理，最终通过层纹理叠加的方式形成一个完美的翡翠材质。

(3) 使用 mental ray 的 Image Based Lighting(贴图环境照明)的方式为物体进行照明，模拟光源从无限远的环境照射到场景中，开启 Final Gathering(全局光照)将模拟高光反射作用表现到极致。

实例实施

1. 制作翡翠绿色部分

(1) 打开文件，执行 Open(项目)命令，打开文件“Project 5\scenes\emerald. mb”。

(2) 创建渐变纹理，打开材质编辑器创建一个 Ramp(渐变纹理)节点。

(3) 调整渐变颜色为浅绿至深绿，如图 4-16 所示。

图 4-16　调整渐变颜色

(4) 将 Type(渐变类型)改变为 Circular Ramp(环形渐变),如图 4-17 所示。

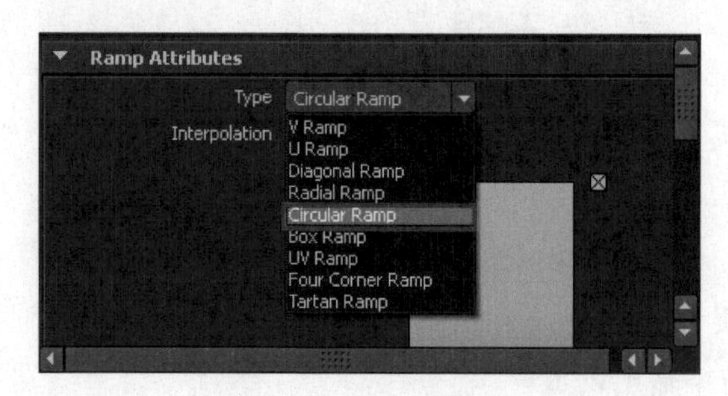

图 4-17　改变渐变类型

(5) 连接渐变纹理,连接材质球中的 Color(颜色)、Incandescence(自发光)属性通道,如图 4-18 所示。

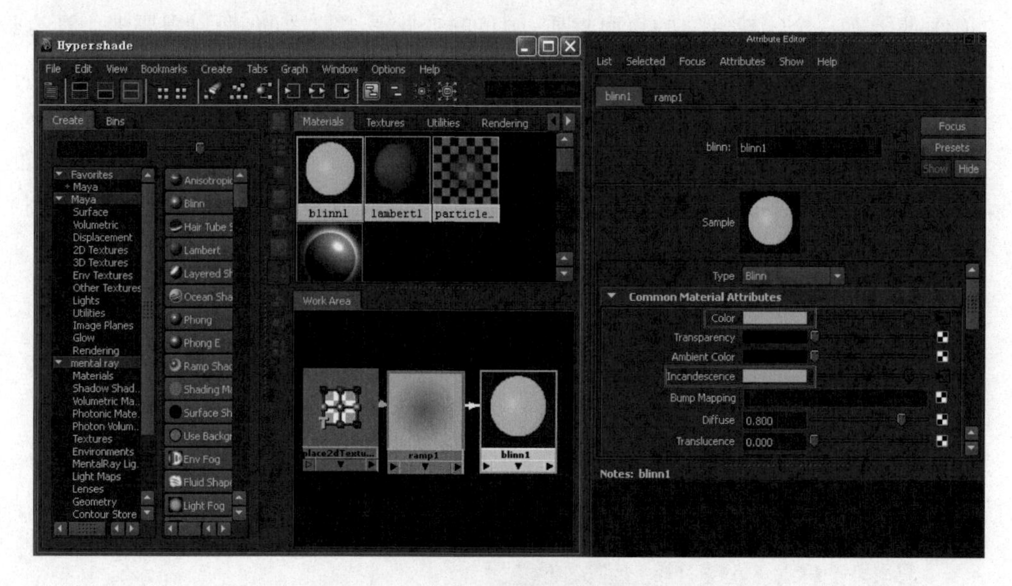

图 4-18　属性连接

(6) 测试连接好的效果,如图 4-19 所示。

图 4-19　效果一

(7) Solid Fractal(三维噪波纹理),用于模拟翡翠的天然絮状物,创建 Solid Fractal(三维噪波纹理),如图 4-20 所示。

图 4-20　三维噪波纹理

（8）调整 Solid Fractal Attributes（噪波属性），调整 Ratio（噪波比率）为 0.760～0.820，Depth（噪波深度）为 8.000、8.000，此属性可以根据自己的喜好作调整，如图 4-21 所示。

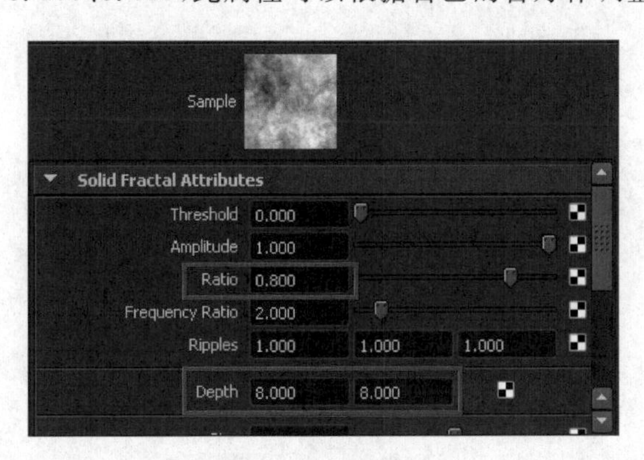

图 4-21　噪波属性

（9）连接噪波纹理，按住鼠标中键将 Solid Fractal（三维噪波纹理）拖曳到 Ramp（渐变纹理）节点上，在弹出的快捷菜单中执行 Other（其他）命令，如图 4-22 所示。

（10）使用关联编辑器连接属性，在 Connection Editor（关联编辑器）窗口选择 Solid Fractal（三维噪波纹理）对 Ramp（渐变纹理）的控制项，选择左边 Outputs（输出）选项中的 outAlphe（输出灰度），再选择右边 Inputs（输入）选项中的 vWave（v 波动坐标），注意：两边选项变成蓝色为已经连接成功，如图 4-23 所示。

图 4-22 连接噪波纹理

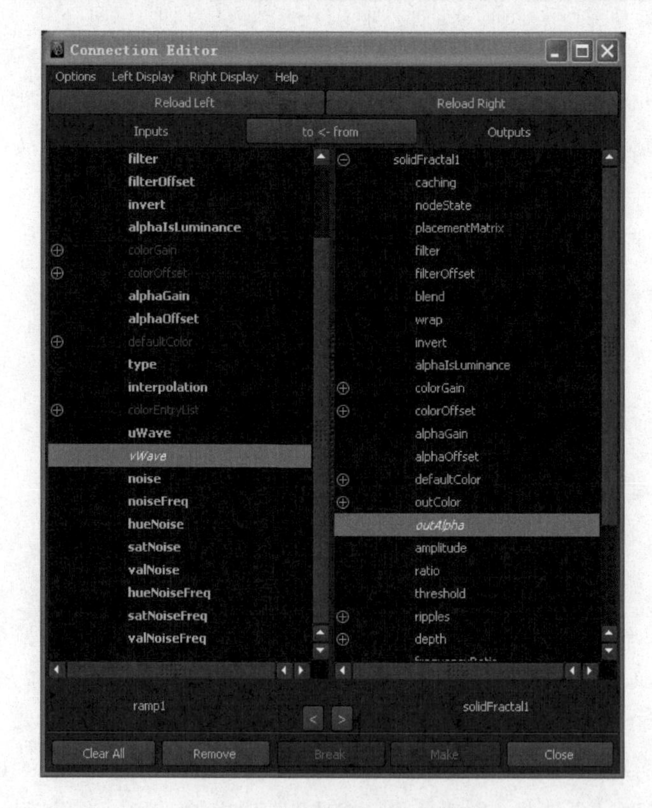

图 4-23 关联编辑器连接属性

(11) 渲染观看效果(注意这是节点底层,如果效果出入较大一定要调整到满意,否则后面节点复杂无法调整),如图 4-24 所示。

(12) 创建渐变纹理 2,再次创建一个 Ramp(渐变纹理)节点,将颜色调整为偏蓝的粉绿至较浅粉绿,如图 4-25 所示。

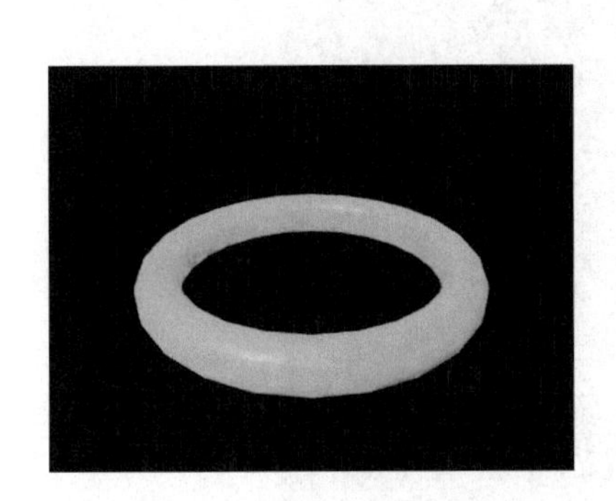

图 4-24 效果二

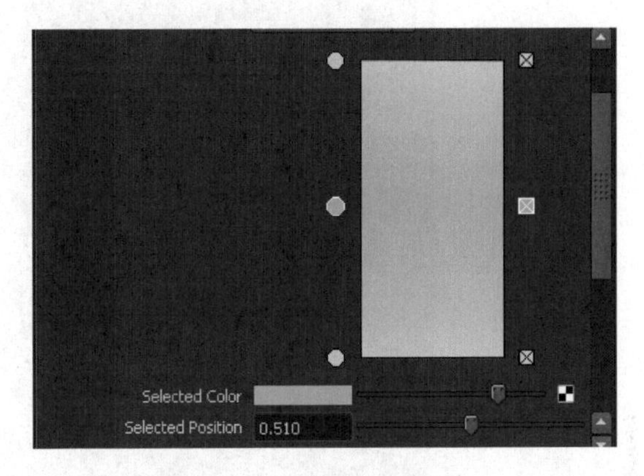

图 4-25 第二套渐变颜色

(13) 创建 Solid Fractal2(三维噪波纹理),按照前面的步骤进行操作,属性数值如图 4-26 所示。

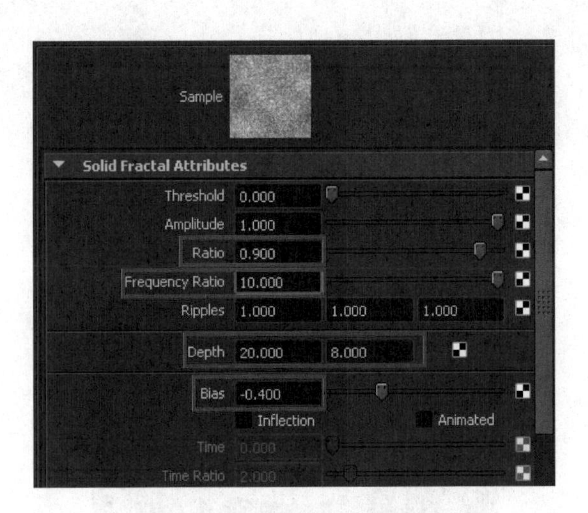

图 4-26 Solid Fractal2 属性

(14) 使用关联编辑器连接属性,如图 4-27 所示。

(15) 连接渐变纹理 2,将 Ramp1(渐变纹理 1)与材质球的连接打断,连接 Ramp2(渐变纹理 2)到连接材质球中的 Color(颜色)、Incandescence(自发光)属性通道。

(16) 渲染效果如图 4-28 所示。

(17) 创建 Stucco(泥土纹理),Stucco(泥土纹理)拥有两个通道——Channel1、Channel2 和 Shaker(混合)参数,可以将两个通道的颜色根据混合参数进行混合,如图 4-29 所示。

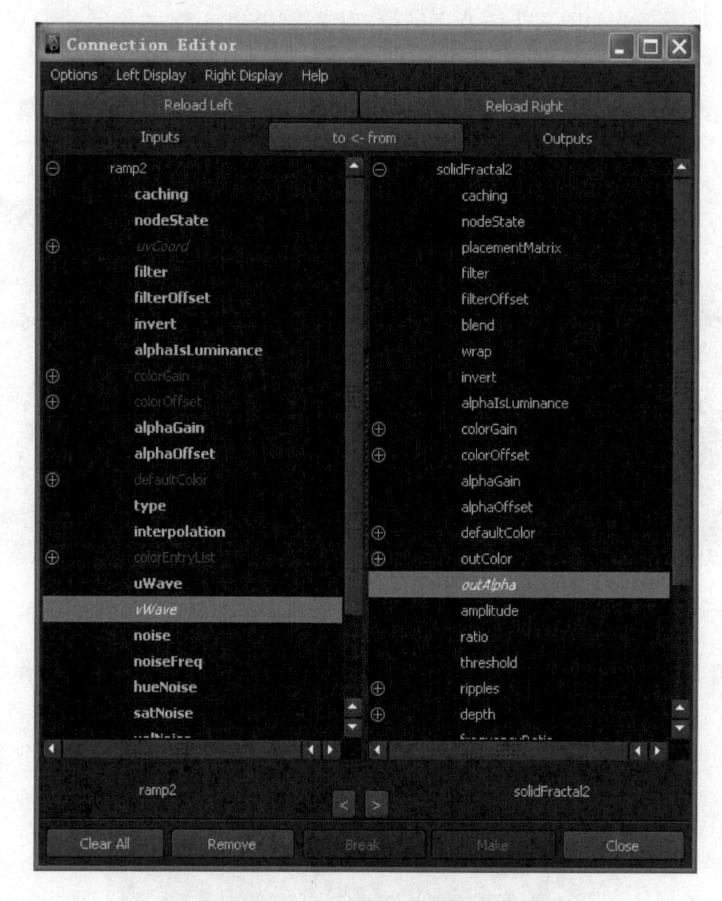

图 4-27　关联编辑器连接

图 4-28　效果三

(18) 连接 Stucco(泥土纹理)节点,将 Ramp1(渐变纹理 1)、Ramp2(渐变纹理 2)分别连接到 Channel1(通道 1)、Channel2(通道 2),如图 4-30 所示。

(19) 连接材质球,将 Stucco(泥土纹理)拖至材质球中的 Color(颜色)、Incandescence(自发光)属性通道,渲染效果,如图 4-31 所示。

注意: 如果效果不理想可以调整 Stucco(泥土纹理)中的 Shaker(混合)参数。

图 4-29　Stucco(泥土纹理)

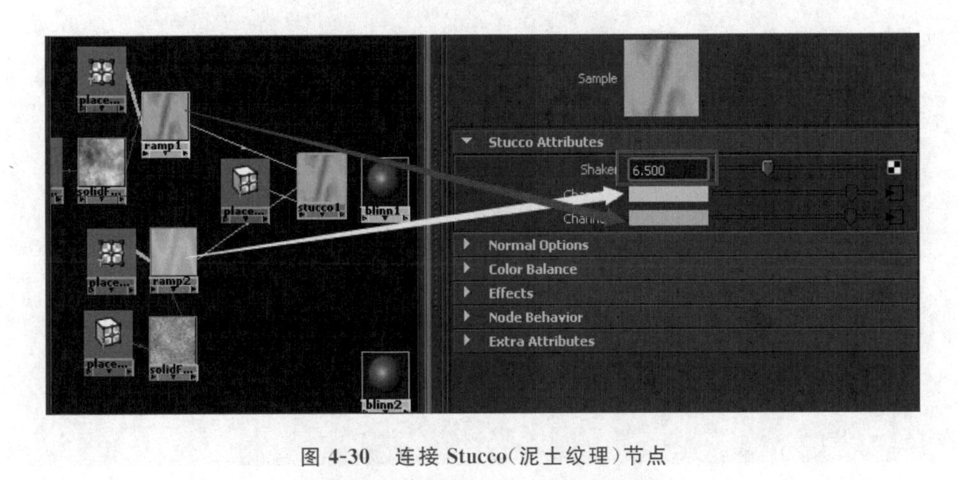

图 4-30　连接 Stucco(泥土纹理)节点

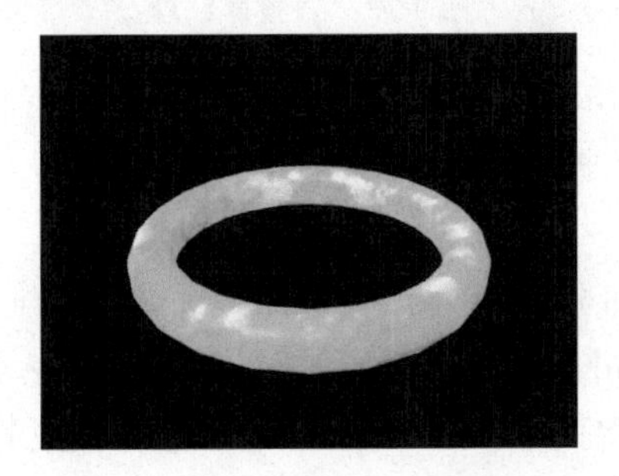

图 4-31　效果四

(20) 创建 Solid Fractal3(三维噪波纹理),属性数值如图 4-32 所示。

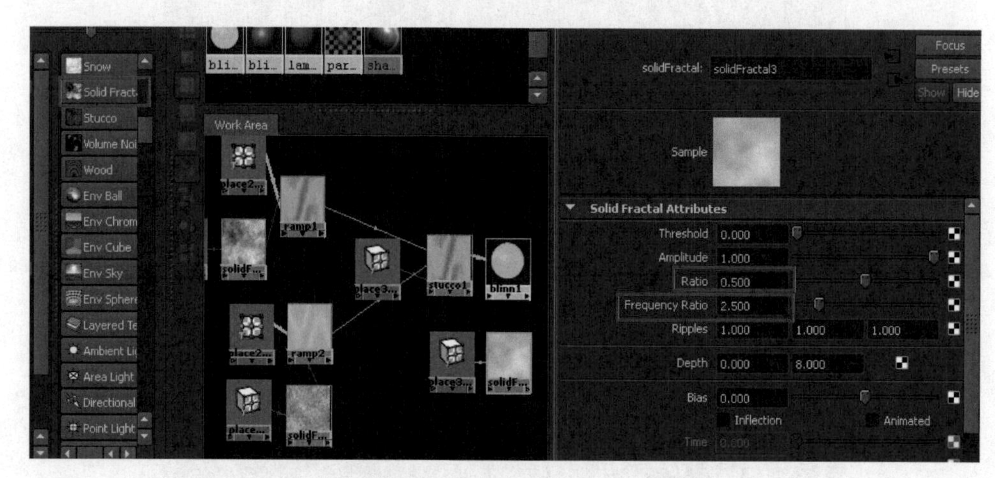

图 4-32 Solid Fractal3 属性

(21) 创建 Layered Texture(层纹理),按住鼠标中键拖曳 Solid Fractal3 和 Stucco(泥土纹理)到层纹理中,调整 Blend Mode(混合模式)为 Multipiy(相乘),如图 4-33 所示。

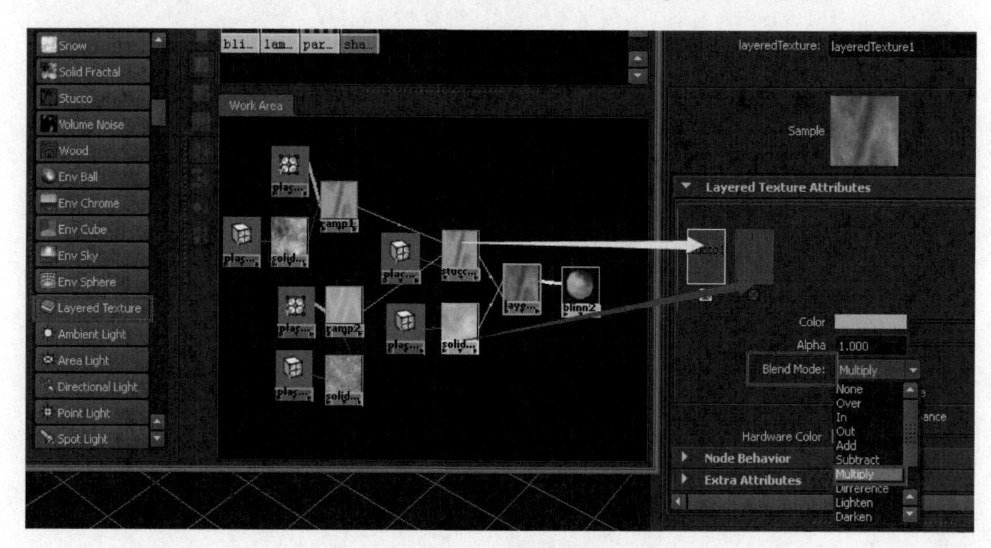

图 4-33 调整层纹理

(22) 连接材质球,将 Layered Texture(层纹理)拖至材质球中的 Color(颜色)、Incandescence(自发光)属性通道,渲染效果如图 4-34 所示。

2. 制作翡翠白色部分

(1) 制作白色透明的部分,创建两个 Solid Fractal(三维噪波纹理)和一个 Layered Texture(层纹理),调整 Solid Fractal(三维噪波纹理)的参数,如图 4-35 所示。

(2) 连接层纹理,分别将两个 Solid Fractal(三维燥波纹理)拖曳到 Layered Texture(层纹理)中,对比鲜明的 Solid Fractal(三维噪波纹理)放在前面,将 Blend Mode(混合模式)调整为 Multiply(相乘)的模式,如图 4-36 所示。

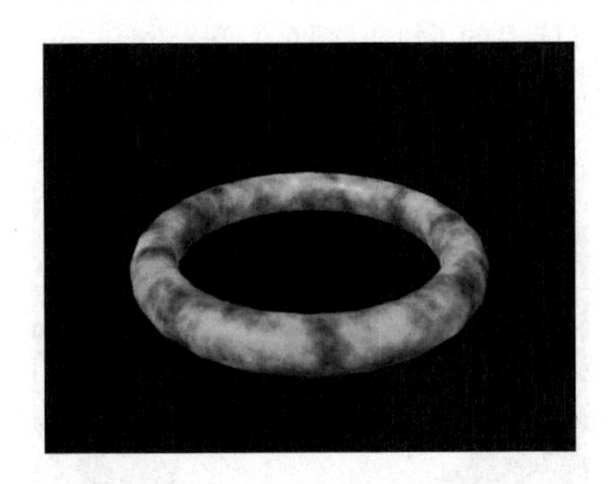

图 4-34　效果五

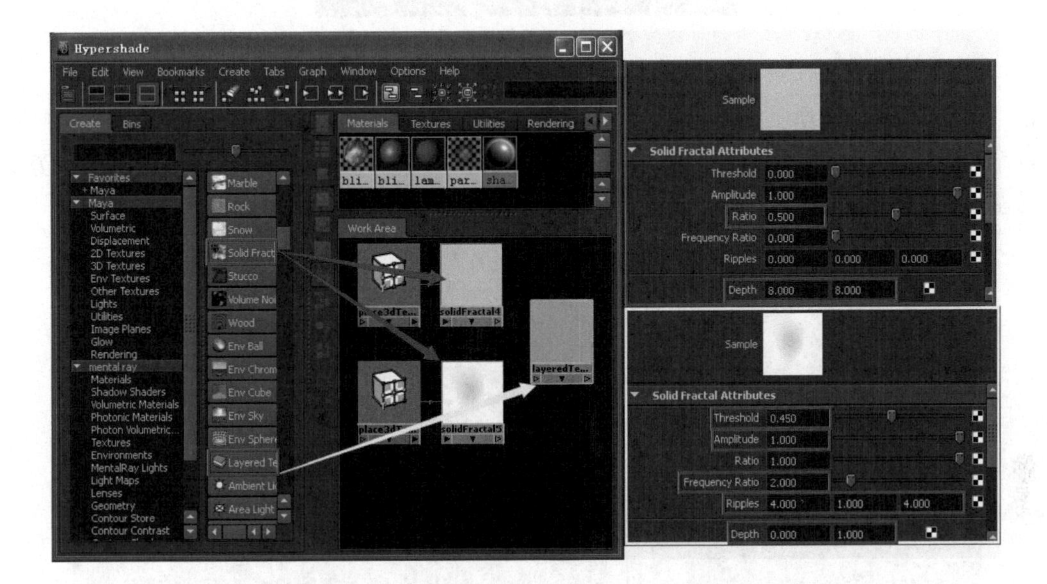

图 4-35　创建 Solid Fractal、Layered Texture

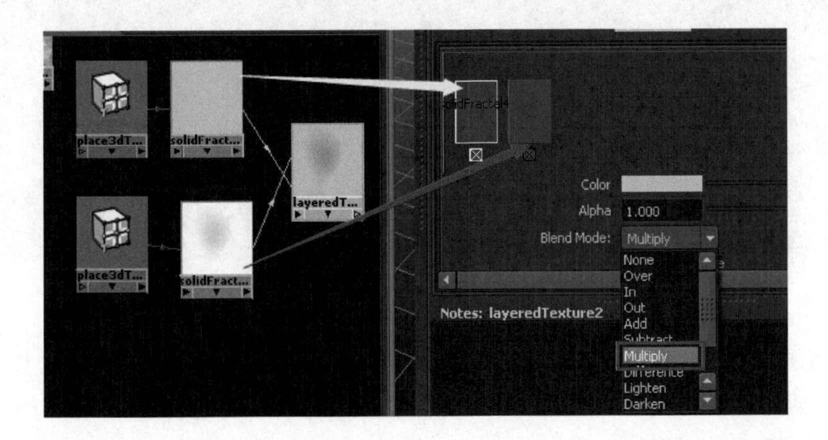

图 4-36　连接层纹理

(3) 将层纹理连接材质球中的 Color(颜色)、Incandescence(自发光)属性通道,渲染效果如图 4-37 所示。

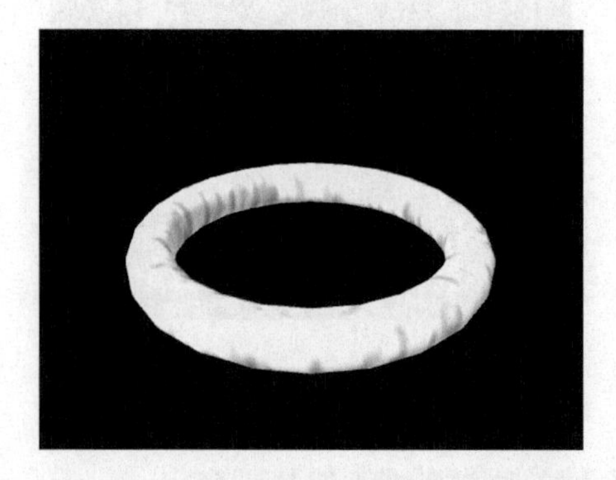

图 4-37　效果六

3. 合成翡翠材质

(1) 创建 Crater(火山纹理),Crater(火山纹理)有三个通道,有利于控制绿色的位置,如图 4-38 所示。

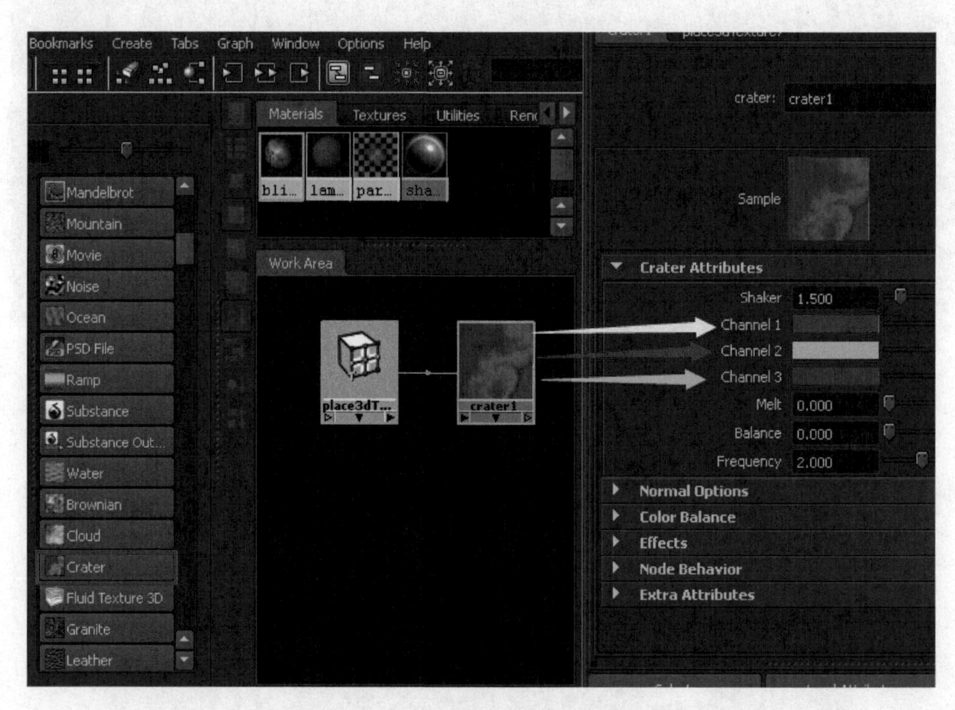

图 4-38　创建 Crater(火山纹理)

(2) 连接 Crater(火山纹理)通道,将翡翠的白色部分连接 Crater(火山纹理)的 Channel1(通道 1),将翡翠的绿色部分连接 Crater(火山纹理)的 Channel2(通道 2)、Channel3(通道 3),如图 4-39 所示。

(3) 调整 Crater(火山纹理)中的颜色分布参数来调整翡翠颜色的位置,如图 4-40

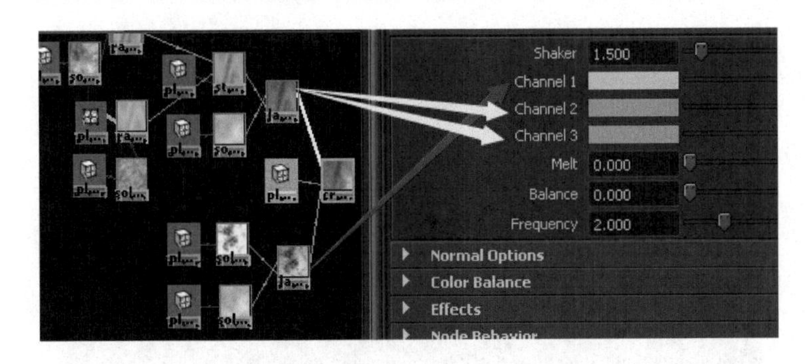

图 4-39 连接 Crater(火山纹理)通道

所示。

(4) 连接材质球,将 Crater(火山纹理)拖至材质球中的 Color(颜色)、Incandescence(自发光)属性通道,渲染效果,如图 4-41 所示。

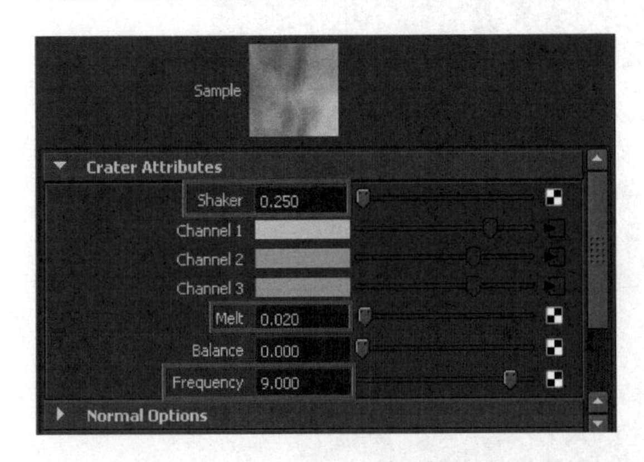

图 4-40 Crater(火山纹理)调整参数

图 4-41 效果七

4. Image Based Lighting

(1) 创建 Image Based Lighting(贴图环境照明),在窗口菜单选择 Rendering Editors→Render Settings(渲染设置),打开 Render Settings(渲染设置)选项卡,如图 4-42 所示。

(2) 在 Render Using 窗口中选取 mentalray,选择 Indirect Lighting(间接照明)→Image Based Lighting(贴图环境照明)右侧的 Create(创建)按钮,如图 4-43 所示。

(3) 透视图中可见黄色环境球,如图 4-44 所示。

(4) 指定贴图,在 Image Based Lighting(贴图环境照明)属性面板中,单击 Image Name(图片名称)选项右侧的文件夹图标,打开目录中 source images(贴图来源)文件夹中的 11. tif,如图 4-45 所示。

(5) 设置 Image Based Lighting(贴图环境照明)属性,Image Based Lighting(贴图环境照明)属性中的 Hardware Alpha(硬件文理)数值为 0.5,环境球在透视图中显示为半透明。此参数只控制视图的显示,即使数值为 0,环境球中的贴图仍能被渲染出来,物体也会反射出此环境。

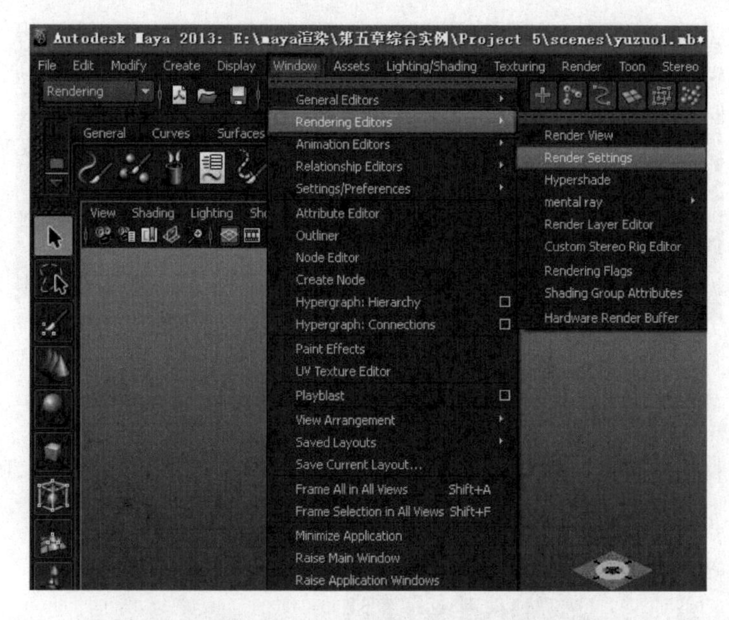

图 4-42 创建 Image Based Lighting(贴图环境照明)菜单

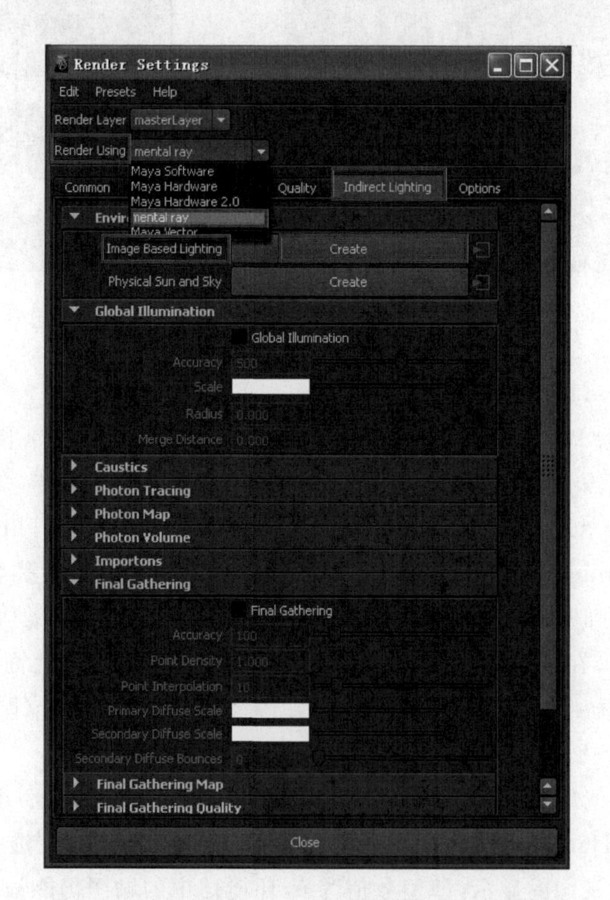

图 4-43 创建 Image Based Lighting(贴图环境照明)

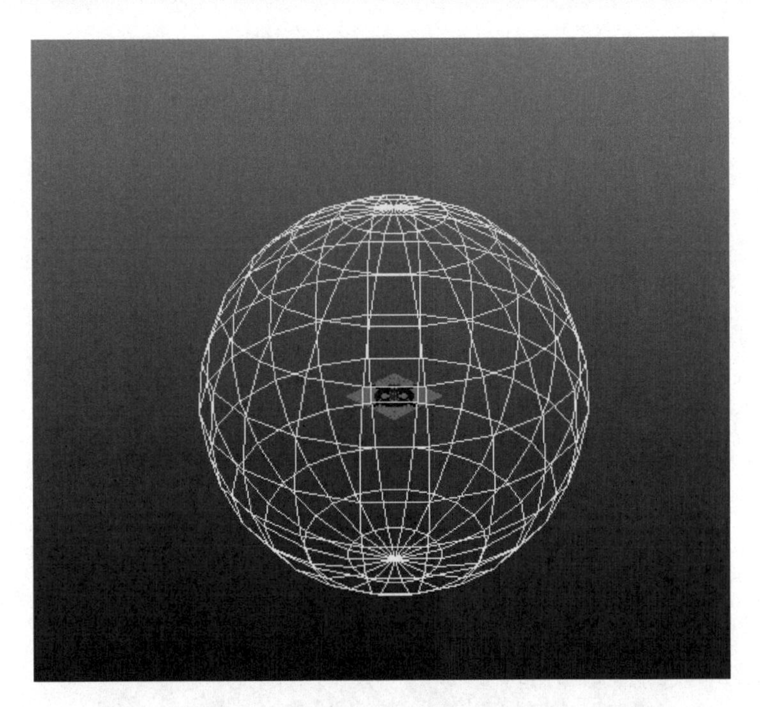

图 4-44　环境球

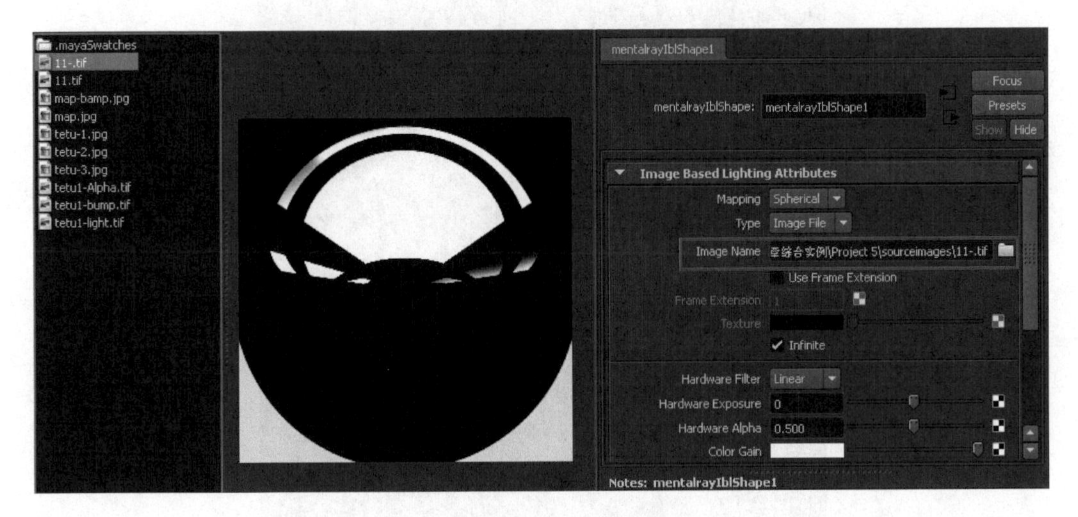

图 4-45　环境贴图文件

(6) 取消 Primary Visibility(第一可视)属性，在 Render Stats 卷展栏中取消 Primary Visibility(第一可视)复选框，环境球就不能被渲染出来，但贴图仍可以反射，同时也保留了 Alpha 通道，如图 4-46 所示。

(7) 设置 mental ray 渲染参数，打开 Render Settings(渲染设置)属性面板，选择 Common(常规)选项卡下 Render Options(渲染选项)，卷展栏中取消选中 Enable Default Light(开启默认灯光)，如图 4-47 所示。

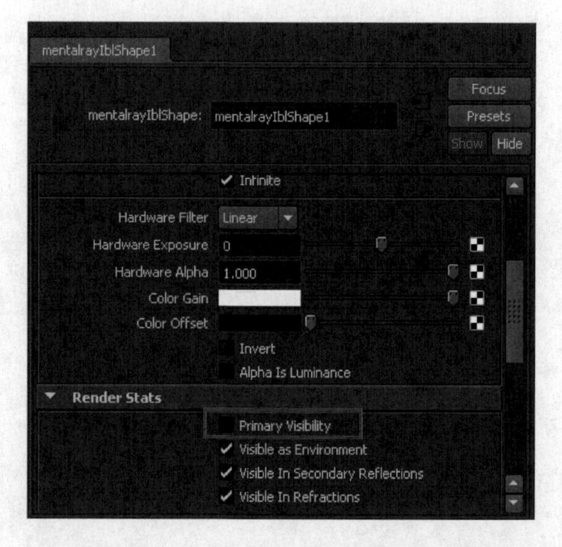

图 4-46　取消 Primary Visibility(第一可视)属性

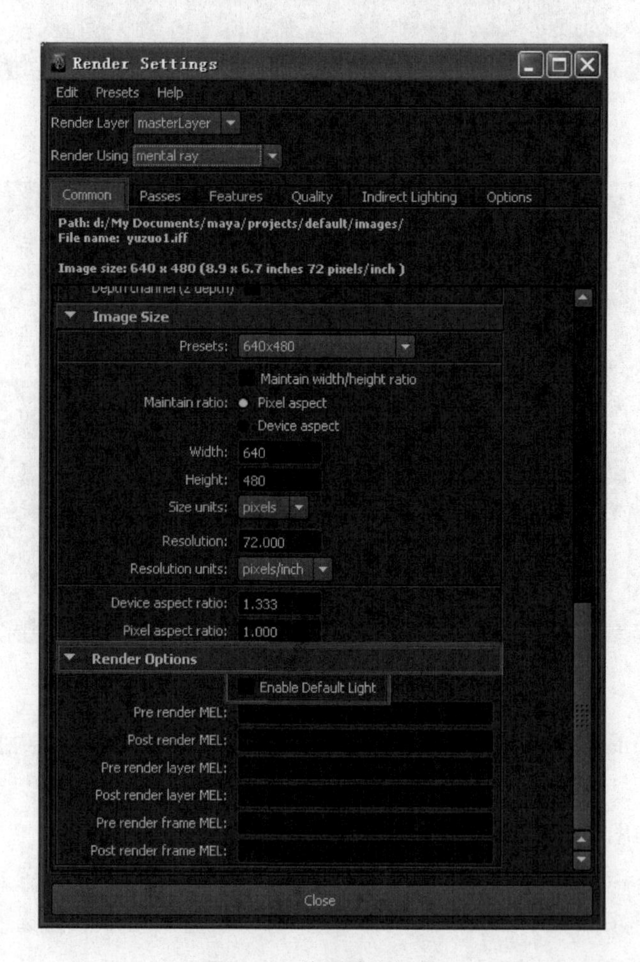

图 4-47　关闭默认灯光

(8) 切换到 Quality(渲染质量)选项卡，设置 Raytrace/Scanline Quality 卷展栏中 Max Sample Level(最大采样级别)为 2，设置 Raytracing(光线跟踪)卷展栏中的 Reflections(反射计算)次数为 2，Max Trace Depth(最大计算深度)为 4，如图 4-48 所示。

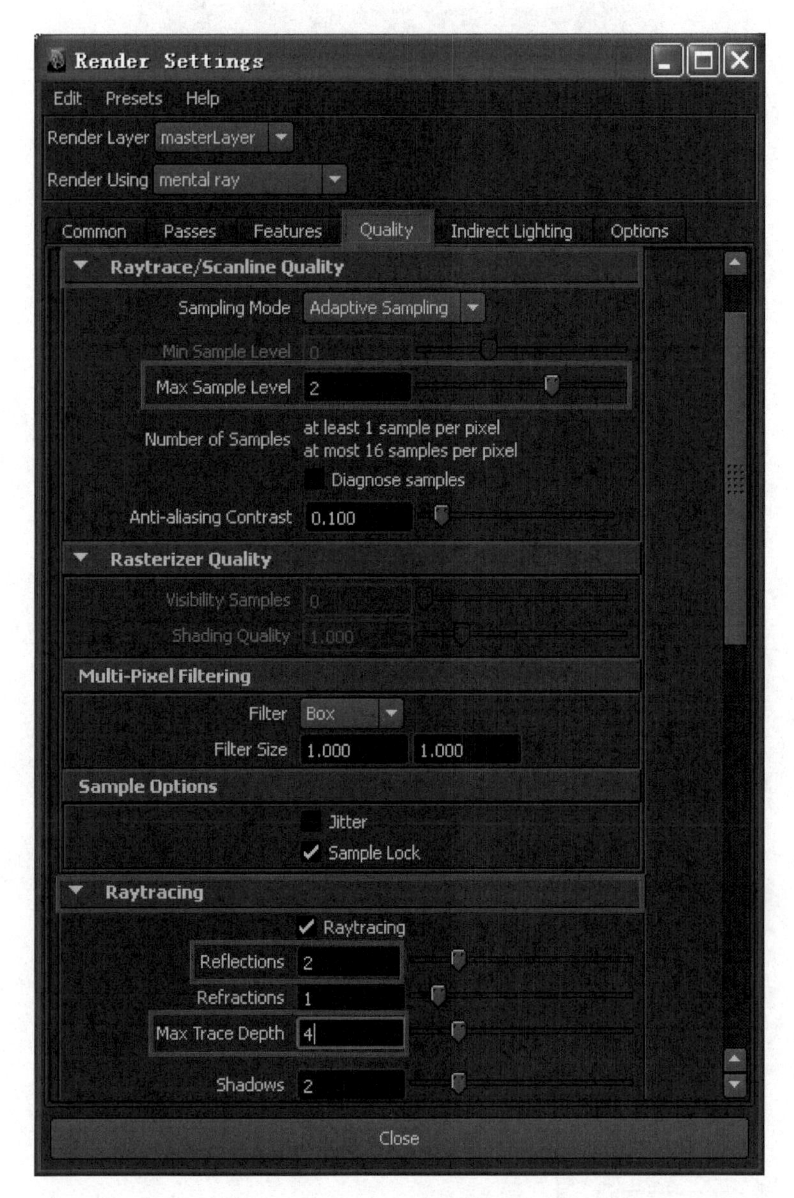

图 4-48　渲染质量属性

(9) 切换到 Indirect Lighting(间接照明)选项卡，打开 Final Gathering(全局光照)卷展栏，选中 Final Gathering(全局光照)复选框，如图 4-49 所示。

(10) 渲染效果如图 4-50 所示。

Render Settings
Edit Presets Help
Render Layer masterLayer
Render Using mental ray
Common Passes Features Quality Indirect Lighting Options
Environment
Image Based Lighting Delete
Physical Sun and Sky Create
Global Illumination
Global Illumination
Accuracy 500
Scale
Radius 0.000
Merge Distance 0.000
Caustics
Photon Tracing
Photon Map
Photon Volume
Importons
Final Gathering
Final Gathering
Accuracy 100
Point Density 1.000
Point Interpolation 10
Primary Diffuse Scale
Secondary Diffuse Scale
Secondary Diffuse Bounces 0
Final Gathering Map
Final Gathering Quality
Close

图 4-49　全局光照

图 4-50　效果八

综合实例三——面具

本实例的练习重点：

- 实例分析。
- 设置全局照明灯光与 HDR 环境贴图。
- UV Layout 专业 UV 工具。

- Maya 接口及调整模型 UV。
- 学习毛发插件的使用及参数调整。
- 分层渲染与最终合成。

实例分析

(1) 这是一个材质与灯光的综合案例，提供已经完成的模型。

(2) 为了体现皮肤质感使用 UV 工具，为了追求细节从灯光和环境上认真研究。

(3) 使用模拟毛发表现到极致质感。

实例实施

1. 制作照明灯光

(1) 打开文件，执行 File(文件)→Open(项目)命令，打开光盘文件“Project-mask\scenes\mask.mb”。

(2) 将场景缩小，建立一个 NURBS 球体，如图 4-51 所示。

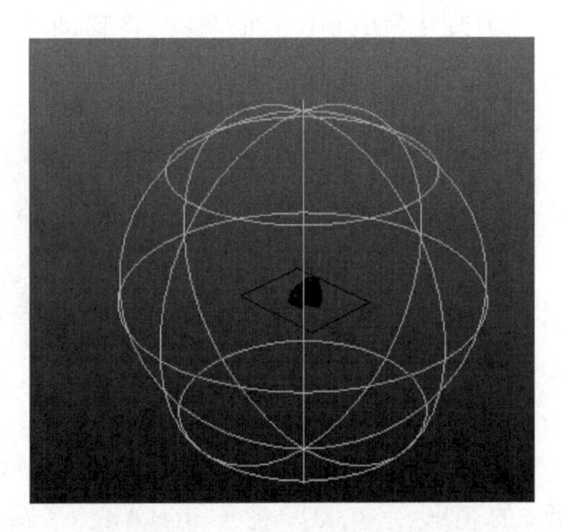

图 4-51　建立 NURBS 球体

(3) 创建灯光，Create(创建)→Lights(灯光)→Spot Light(聚光灯)。

(4) 转换到侧视图。

(5) 吸附目标点，按 T 键显示灯光操纵器手柄，找到聚光灯目标点位置，选中目标点并使用吸附网格功能(按住 X 键)，将灯光的目标点吸附到原点位置，单击鼠标中键，如图 4-52 所示。

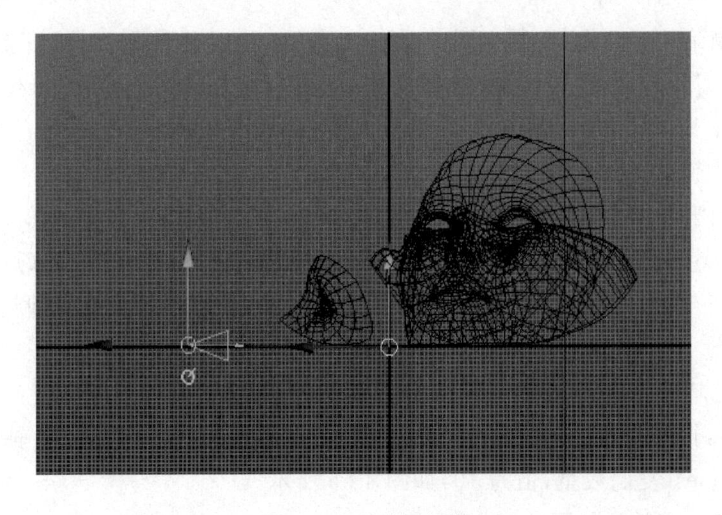

图 4-52　吸附目标点

(6) 吸附灯光位置，选择 Spot Light1(聚光灯 1)的灯光位置的控制点，使用吸附网格功能(按住 C 键)，在需要吸附的球体边线位置单击鼠标中键，Spot Light1(聚光灯 1)的位置如图 4-53 所示。

图 4-53　吸附灯光位置

(7) 移动灯光位置点，选择灯光按 W 键返回移动坐标手柄，按 Insert 键，将移动坐标转化为改变为中心位置的状态，将移动手柄移动回到坐标原点，再次按 Insert 键，恢复成移动坐标状态，如图 4-54 所示。

图 4-54　移动灯光位置点

(8) 设置灯光参数，打开 Spot Light1(聚光灯 1)的属性面板，将 Intensity(灯光的强度)的值设为 0.01，将 Cone Angle(圆锥角)的值设为 80，在 Depth Map Shadow Attributes(深度贴图阴影)面板选中 Use Depth Map Shadow Attributes(使用深度贴图阴影)，将 Resolution(解析度)设为 128，Filter Size(模糊尺寸)设置为 4。

(9) 删除 NURBS 球体。

(10) 复制第二层辅光，在侧视图中选择 Spot Light1(聚光灯 1)，按 T 键显示操纵器手柄，按 Ctrl+C 组合键，按住 Ctrl+V 组合键拖曳可以复制得到 Spot Light2(聚光灯 2)。

(11) 打开 Spot Light2(聚光灯 2)属性面板，Depth Map Shadow Attributes(深度贴图阴影)面板中设置 Filter Size(模糊尺寸)值为 3。

(12) 复制第 3、第 4、第 5 层辅光，选择 Spot Light2(聚光灯 2)复制得出 Spot Light3(聚光灯 3)、Spot Light4(聚光灯 4)、Spot Light5(聚光灯 5)，将 Intensity(灯光的强度)的值设为 0.02，将 Spot Light5(聚光灯 5)的 Resolution(解析度)设为 256，调整 6 盏灯排列均匀，位置如图 4-55，此时渲染几乎是一片漆黑。

(13) 阵列辅光，选择 5 盏灯，单击 Edit(编辑)→Duplicate Special(特殊复制)命令右侧的设置按钮，打开 Duplicate Special Options(特殊复制)窗口，将旋转 Y 轴设置为 30，设 Number of copies(复制数量)值为 10，如图 4-56 所示

(14) 渲染辅光效果如图 4-57 所示。

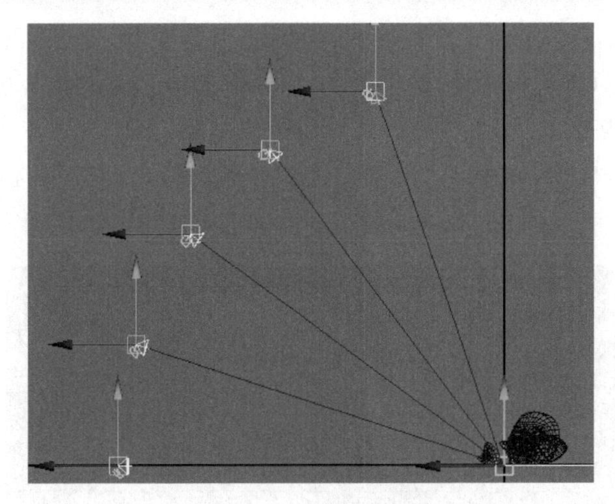

图 4-55　复制辅光

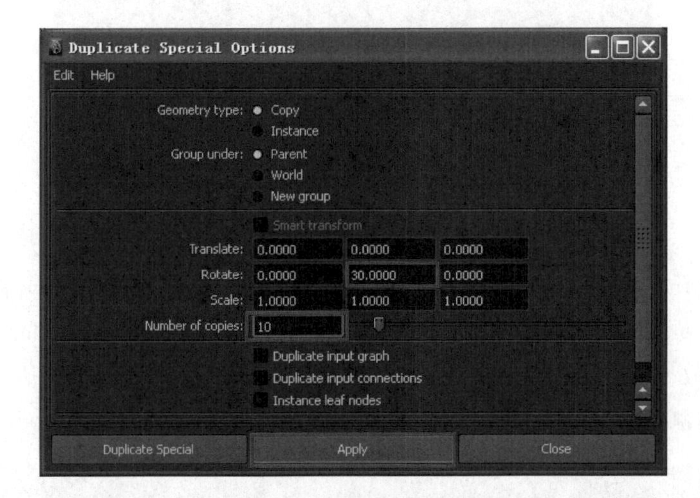

图 4-56　设置特殊复制

图 4-57　渲染辅光

(15) 制作主光，选择合适位置一盏 Spot Light 进行复制，设置主光属性参数，打开属性面板，将 Intensity(灯光的强度)的值设为 0.5，将 Resolution(解析度)设为 512，Filter Size(模糊尺寸)设为 4。

(16) 调整主光位置，调整主光位置，已达到更好的光照效果，渲染效果如图 4-58 所示。

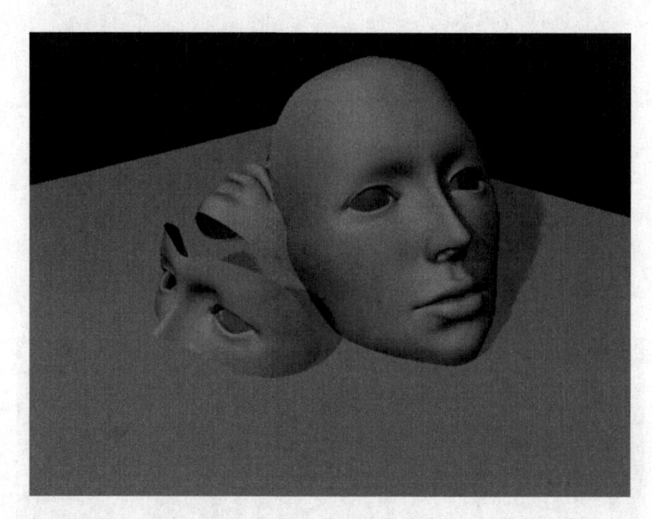

图 4-58 渲染效果

(17) 创建 Image Based Lighting(贴图环境照明)环境球，在 Window(窗口)菜单选择 Rendering Editors(渲染属性)下 Render Settings(渲染设置)，打开 Render Settings(渲染设置)窗口，选取 Mental Ray，选择 Indirect Lighting 属性栏下 Image Based Lighting(贴图环境照明)右侧的 Create(创建)按钮，如图 4-59 所示。

图 4-59 创建 Image Based Lighting(贴图环境照明)

(18) 指定贴图，在 Image Based Lighting(贴图环境照明)属性面板中单击 Image Name(图片名称)选项右侧的文件夹图标，打开目录中 source images(贴图来源)文件夹中的“环境.tif”，如图 4-60 所示。

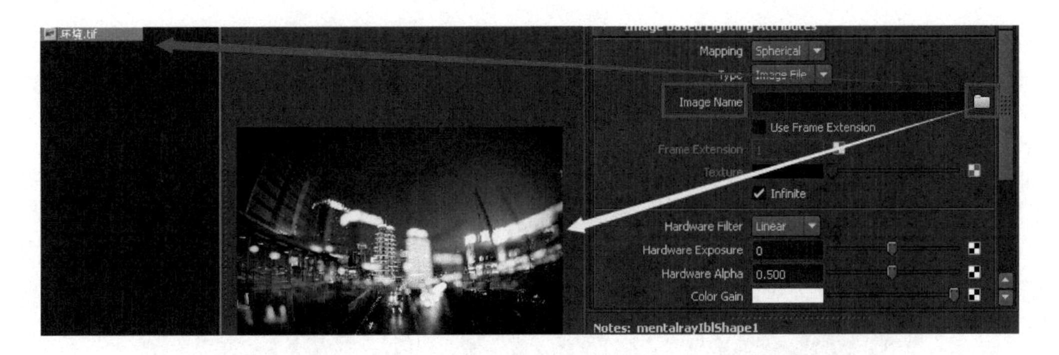

图 4-60 指定贴图

2. 制作材质

(1) 创建白色面具材质，选择 Window(窗口)→Rendering Editors(渲染编辑器)→Hypershade(材质编辑器)打开材质编辑器窗口，创建 Lambert(兰伯特)材质节点，并将材质赋予后面的面具。

(2) 创建 UV，切换至 Polygons(多边形)模块，将视图切换至前视图，选择 Create UVs(创建 UV)→Cylindrical Mapping(圆柱投射)命令，并调整到合适大小，如图 4-61 所示。

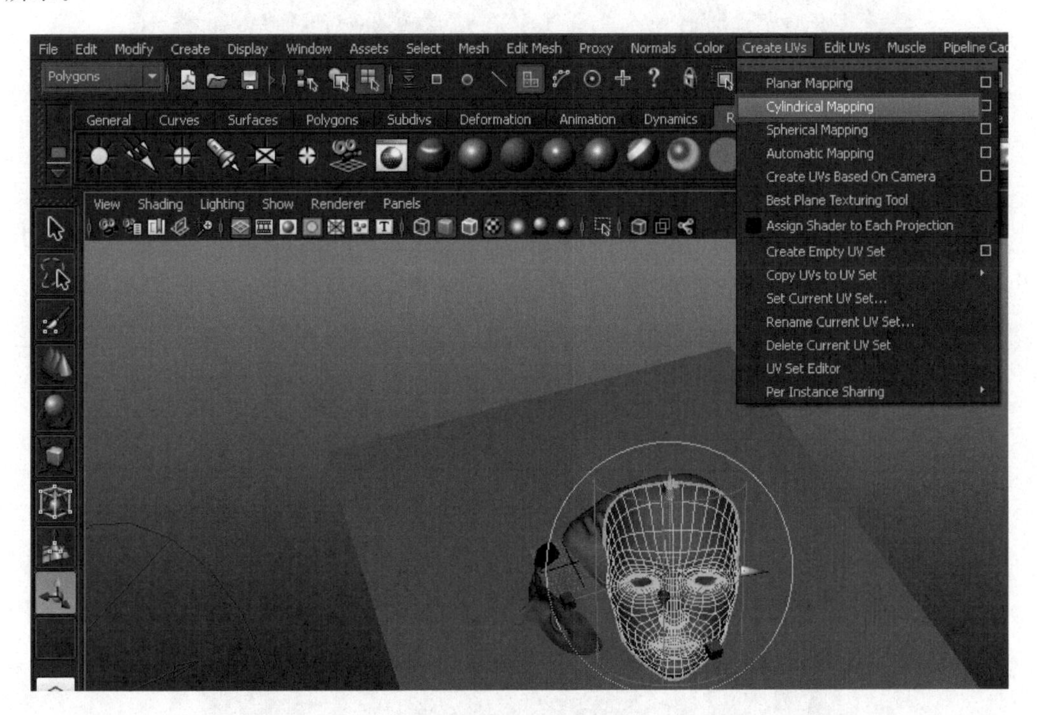

图 4-61 UV 投射方式

(3) 选择 Window(窗口)→UV Texture Editor(UV 编辑器)打开 UV 编辑器窗口，单击 Polygons(多边形)→UV Snapshot(UV 快照)命令，如图 4-62 所示。

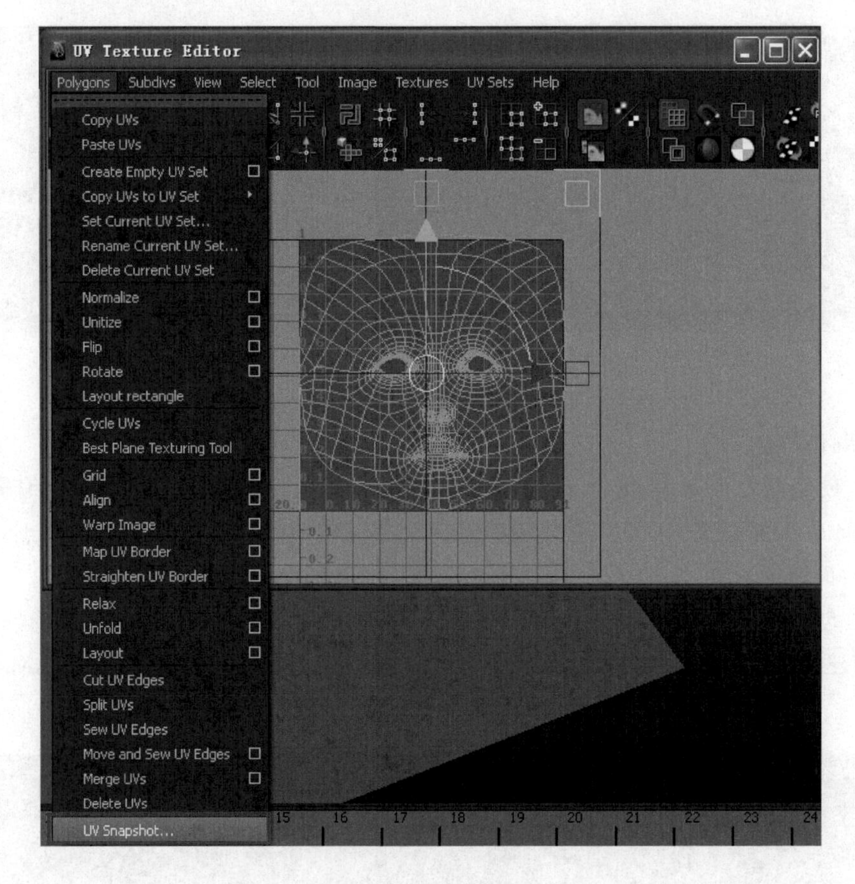

图 4-62　UV 快照

(4) 打开 UV 快照输出窗口，设置窗口中的 File name(文件名称)、Size X(图像尺寸)、Image format(图像格式)，如图 4-63 所示。

图 4-63　保存 UV 快照

(5) 在 Photoshop 中打开 mask. tiff,创建新的图层,打开素材,如图 4-64 所示。

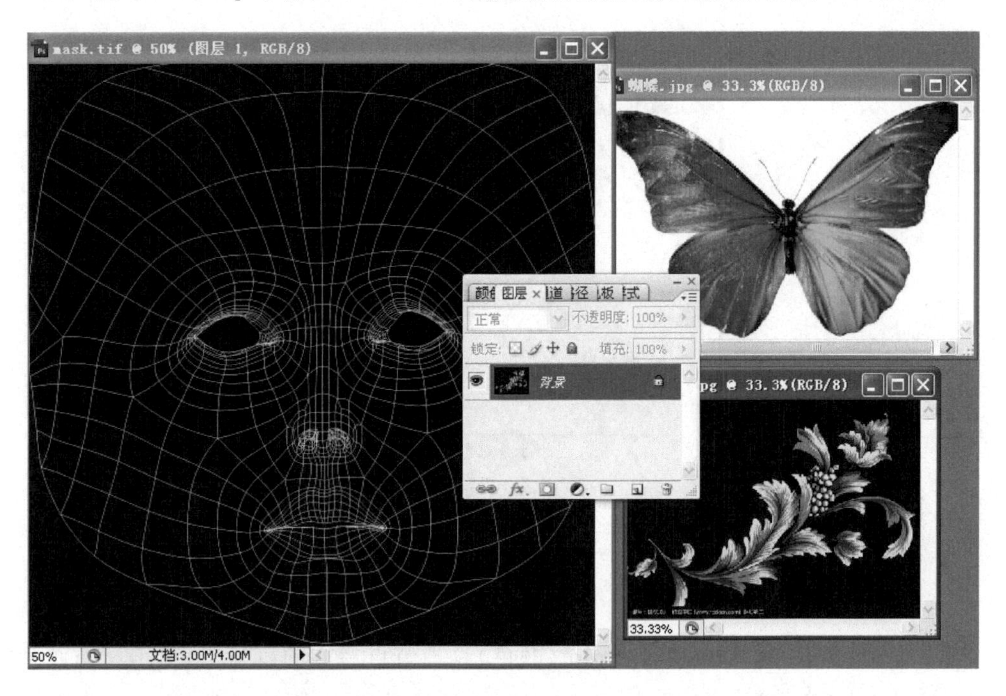

图 4-64 打开文件和素材

(6) 调整素材,选择素材调整到合适大小,使用渐变映射改变素材颜色,如图 4-65 所示。

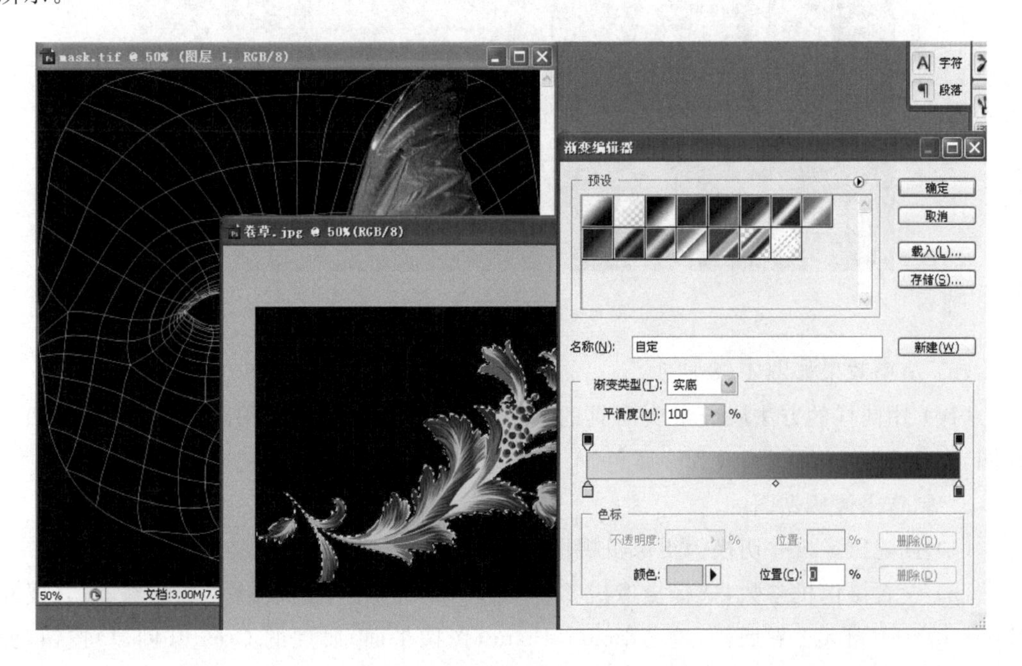

图 4-65 调整图像使用渐变映射

(7) 完成 UV 制作,关闭背景层,保存为"h_project\sourceimges\UV. tiff"文件,如图 4-66 所示。

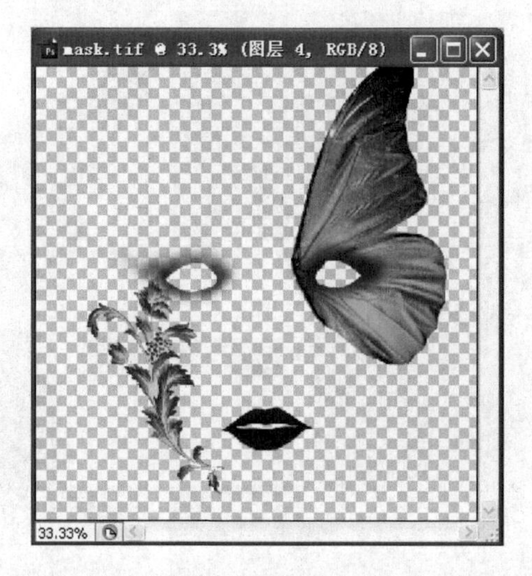

图 4-66　UV 完成稿

(8) 打开 blinn1 材质球,单击 Color(颜色)纹理节点后方的棋盘格,单击材质纹理创建面板中的 File(文件)节点,单击 Image Name(图像名称)右侧的文件夹按钮,打开 UV. TIFF 文件,指定贴图,如图 4-67 所示。

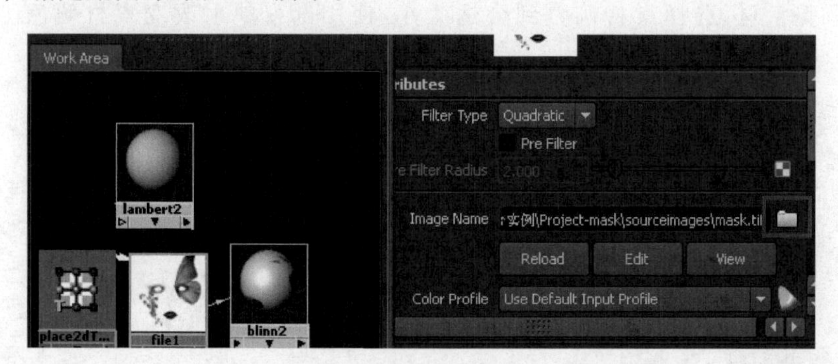

图 4-67　导入 UV 文件

(9) 渲染效果如图 4-68 所示。

(10) 用同样的方法展开半块面具的 UV,导入 Photoshop,运用路径描边,制作凹凸贴图,创建 Blinn 材质,修改为金属色。

3. 制作摄像机贴图

(1) 创建摄像机并切换为摄像机视图。

(2) 设置摄像机参数,选择摄像机并按 Ctrl+A 组合键打开摄像机属性编辑器,展开 Environment(环境)卷展栏,单击 Image Plane(图像平面)属性的 Create(创建)按钮,弹出贴图属性面板,将 Type(类型)设置为 Texture(纹理),如图 4-69 所示;单击 Texture(纹理)右侧棋盘格按钮,创建 Ramp(渐变)纹理贴图,如图 4-70 所示。

图 4-68　渲染效果

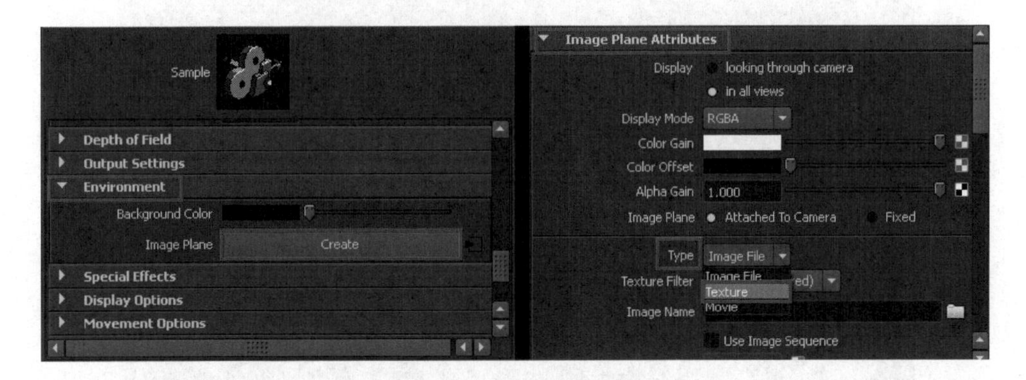

图 4-69　创建摄像机环境

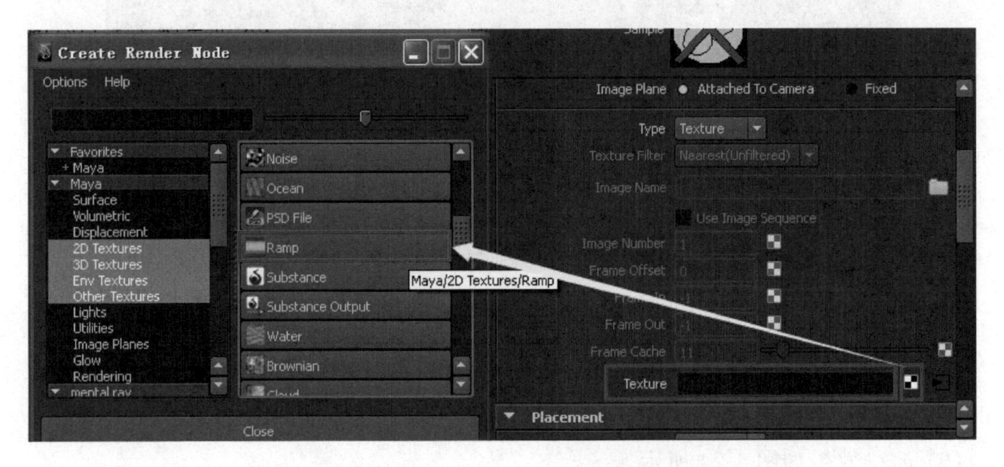

图 4-70　创建 Ramp(渐变)纹理贴图

(3) 修改 Ramp(渐变)纹理颜色,修改过渡颜色,如图 4-71 所示。

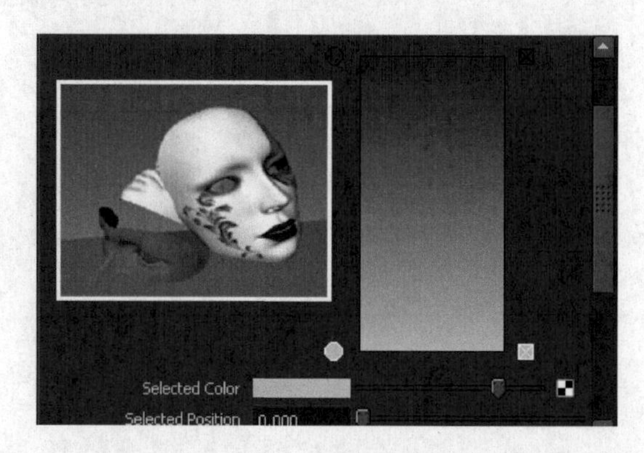

图 4-71　修改 Ramp(渐变)纹理颜色

(4) 创建背景材质,打开材质编辑器,创建 Use Background(使用背景)材质球,将材质赋予平面,如图 4-72 所示。

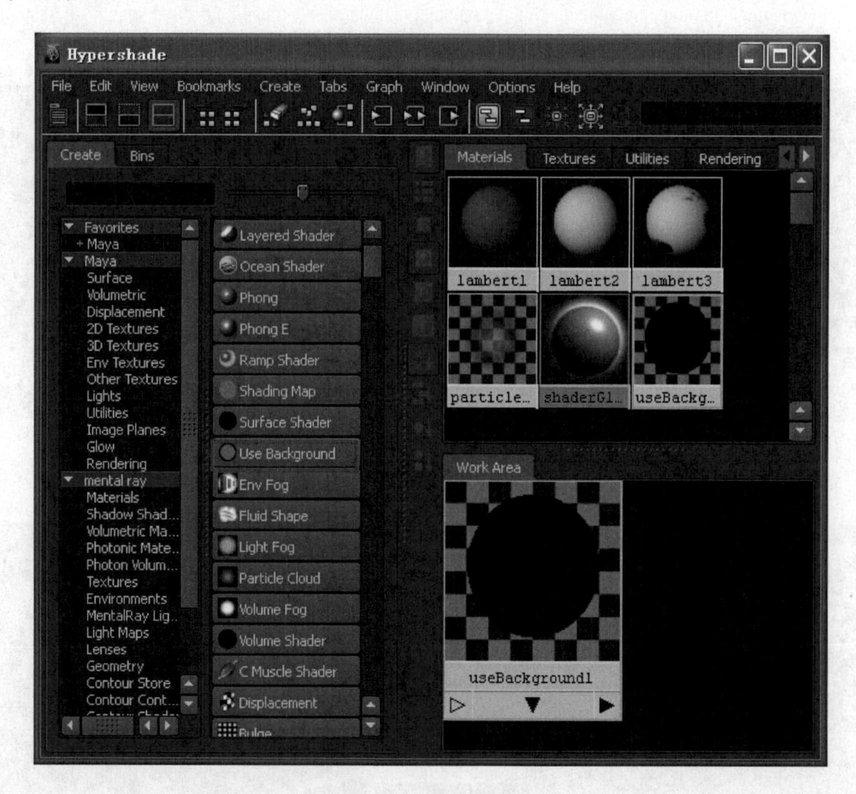

图 4-72　创建背景材质

(5) 设置背景属性,打开 Use Background Attributes(使用背景属性)卷展栏,将 Reflectivity(反射)设置为 0,如图 4-73 所示。

(6) 渲染效果如图 4-74 所示。

(7) 发挥自己的想象力制作半块面具,用前面同样的方法展开半块面具的 UV,导入

Photoshop 中，运用路径描边，制作凹凸贴图，创建 Blinn 材质，修改为金属色，将用 Photoshop 制作的凹凸贴图赋予材质，参考样式如图 4-75 所示。

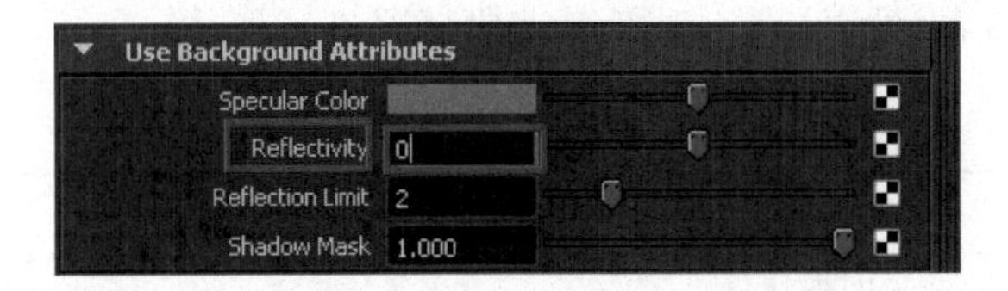

图 4-73 设置背景属性

图 4-74 渲染效果

图 4-75 参考样式

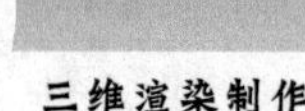

模块评估

请填写任务评估表(见表 4-1),对任务完成情况进行评估。

表 4-1　综合实例模块任务评估

任务评估		自评	教师评价
1	旧地球仪		
2	翡翠玉镯		
3	面具		
任务综合评估			